Arbeiten zur Angewandten Statistik
Band 31

Herausgegeben von

K.-A. Schäffer, Köln · P. Schönfeld, Bonn · W. Wetzel, Kiel

Informationen über die Bände 1-20 sendet Ihnen auf Anfrage gerne der Verlag.

Band 21
D. Fitzner
Adaptive Systeme einfacher kostenoptimaler Stichprobenpläne für die Gut-Schlecht-Prüfung
1979. 309 Seiten. Broschiert DM 58,-
ISBN 3-7908-0219-0

Band 22
W. Kuhlmann
Parameterschätzung von Eingleichungsmodellen im unbeschränkten Parameterraum mittels des Levenberg-Marquardt-Verfahrens
1980. VIII, 124 Seiten. Broschiert DM 38,-
ISBN 3-7908-0224-7

Band 23
G. Tosstorff
Methoden der geometrischen Datenanalyse und ihre Anwendung bei der Untersuchung des Entwicklungsprozesses
1983. 183 Seiten. Broschiert DM 46,-
ISBN 3-7908-0302-2

Band 24
W. Stangier
Effiziente Schätzung der Wahrscheinlichkeitsdichte durch Kerne
1984. 117 Seiten. Broschiert DM 39,-
ISBN 3-7908-0315-4

Band 25
I. Klein
Das Problem der Auswahl geeigneter Maßzahlen in der deskriptiven Statistik
Eine meßtheoretische Untersuchung
1985. IX, 204 Seiten. Broschiert DM 69,-
ISBN 3-7908-0324-3

Band 26
A. Reimann
Kostenoptimale Inspektionsstrategien für den Fall zweier stochastisch abhängiger Losschlechtanteile
1984. VI, 164 Seiten. Broschiert DM 58,-
ISBN 3-7908-0320-0

Band 27
W. Schneider
Der Kalmanfilter als Instrument zur Diagnose und Schätzung variabler Parameter in ökonometrischen Modellen
1986. XIV, 490 Seiten. Broschiert DM 98,-
ISBN 3-7908-0359-6

Band 28
B. F. Arnold
Minimax-Prüfpläne für die Prozeßkontrolle
1987. VI, 264 Seiten. Broschiert DM 59,-
ISBN 3-7908-0363-4

Band 29
L. Bauer
Inspektionsfehler in der attributiven Qualitätskontrolle
1987. VIII, 105 Seiten. Broschiert DM 45,-
ISBN 3-7908-0366-9

Band 30
C. Weihs
Auswirkungen von Fehlern in den Daten auf Parameterschätzungen und Prognosen
1987. XII, 391 Seiten. Broschiert DM 79,-
ISBN 3-7908-0374-X

Ulrich Küsters

Hierarchische Mittelwert- und Kovarianzstrukturmodelle mit nichtmetrischen endogenen Variablen

Physica-Verlag Heidelberg

Dr. Ulrich Küsters
Bergische Universität GH Wuppertal
Fachbereich Wirtschaftswissenschaften
Gaußstraße 20 – M. 11.11
D-5600 Wuppertal

Die „Arbeiten zur Angewandten Statistik" sind die Fortsetzung der Reihe „Berichte aus dem Institut für Statistik und Versicherungsmathematik und aus dem Institut für Angewandte Statistik der Freien Universität Berlin".

ISBN-13: 978-3-7908-0388-4   e-ISBN-13: 978-3-642-99751-8
DOI: 10.1007/978-3-642-99751-8
ISSN 0066-5673

CIP-Kurztitelaufnahme der Deutschen Bibliothek
Küsters, Ulrich:
Hierarchische Mittelwert- und Kovarianzstruktur-
modelle mit nichtmetrischen endogenen Variablen/
Ulrich Küsters. – Heidelberg: Physica-Verl.,
1987.
(Arbeiten zur angewandten Statistik; Bd. 31)
ISBN-13: 978-3-7908-0388-4
NE: GT

Das Werk ist urheberrechtlich geschützt. Die dadurch begründeten Rechte, insbesondere die der Übersetzung, des Nachdruckes, der Entnahme von Abbildungen, der Funksendung, der Wiedergabe auf photomechanischem oder ähnlichem Wege und der Speicherung in Datenverarbeitungsanlagen bleiben, auch bei nur auszugsweiser Verwertung, vorbehalten. Die Vergütungsansprüche des § 54, Abs. 2 UrhG werden durch die ‚Verwertungsgesellschaft Wort', München, wahrgenommen.
© Physica-Verlag Heidelberg 1987

Die Wiedergabe von Gebrauchsnamen, Handelszeichen, Warenbezeichnungen usw. in diesem Werk berechtigen auch ohne besondere Kennzeichnung nicht zu der Annahme, daß solche Namen im Sinne der Warenzeichen- und Markenschutz-Gesetzgebung als frei zu betrachten wären und daher von jedermann benutzt werden dürften.

Vorwort

Diese Arbeit ist eine geringfügig korrigierte Fassung meiner Dissertationsschrift, die am 10. Dezember 1986 vom Fachbereich Wirtschaftswissenschaften der Bergischen Universität Gesamthochschule (BUGH) Wuppertal angenommen wurde. Mein besonderer Dank gilt der Studienstiftung des Deutschen Volkes, die diese Arbeit vor der Aufnahme meiner Tätigkeit als wissenschaftlicher Mitarbeiter an der BUGH durch ein großzügiges Promotionsstipendium von Januar 1984 bis Mai 1985 gefördert hat. Der IBM Deutschland GmbH gebührt mein Dank für die Leihgabe eines IBM-PC-AT's, auf dem der Autor das Manuskript mit Hilfe des Textsystems T^3 und anschließend mit Hilfe des Dokumentationssystems LaTeX erstellte.

Besonders bedanken möchte ich mich bei meinen Gutachtern Prof. Dr. Gerhard Arminger und Prof. Dr. Roland Dillmann. Beide förderten mich seit Beginn meiner Studienzeit im Jahre 1977 durch zahlreiche Anregungen und lange Diskussionen. Durch ihre Veranstaltungen in den Bereichen der theoretischen und angewandten Statistik sowie der Ökonometrie und Maßtheorie erhielt ich die Möglichkeit, das Rüstzeug für diese Arbeit zu erwerben. Gerhard Arminger regte außerdem das Themengebiet "*latente Variablen*" durch eine Reihe kritischer Diskussionen an und gab mir während der Abfassung viele hilfreiche Hinweise. Ebenfalls danken möchte ich Herrn Diplom-Ökonom Andreas Schepers für die Programmierung der ersten beiden Stufe des in dieser Arbeit beschriebenen Schätzverfahrens sowie für die kritische Durchsicht des Manuskriptes. Bei meiner Frau Anja möchte ich mich für ihre Toleranz bedanken, die Sie während der Entstehungszeit dieser Arbeit aufwies.

Im übrigen wäre ich dem Leser für die Mitteilung von Verbesserungsvorschlägen und Fehlern (einschließlich Index- und Tippfehlern) dankbar.

Wuppertal im August 1987,   Ulrich Küsters

Zusammenfassung

Komplexe Zusammenhänge zwischen Variablen werden häufig durch simultane Meß- und Strukturgleichungsmodelle abgebildet. Einige Schwächen bekannter Kovarianzstrukturmodelle wie LISREL, nämlich fehlende exogene Regressoren, das Fehlen mehrfach gestufter hierarchischer Modellstrukturen sowie die unzureichende Behandlung nichtmetrischer (binärer, ordinaler und zensierter) Variablen werden durch die Formulierung eines hierarchischen Mittelwert- und Kovarianzstrukturmodells mit Schwellenwertmeßrelationen eliminiert. Anschließend werden die wichtigsten Spezialfälle wie multivariate Probitsysteme, Three-Mode-Faktorenanalyse, dichotome Faktorenanalyse und McDonald's COSAN-Modell dargestellt. Die Schätzung der Modellparameter basiert auf einer sequentiellen Anwendung von Maximum-Likelihood-Schätzern und nichtlinearen iterativen kleinsten Quadratemethoden. In der ersten Stufe werden die Schwellenwert-, Mittelwert- und Trendparameter der reduzierten Form durch kleinste Quadrate, Tobit, Probit und Two-Limit-Probit Maximum-Likelihood-Verfahren geschätzt. In der zweiten Stufe werden die Korrelationsparameter der reduzierten Form konditional durch eine Verallgemeinerung der Maximum-Likelihood-Prozedur zur Schätzung des polyserialen Korrelationskoeffizienten geschätzt. In einer dritten Stufe werden die Kovarianzen algebraisch geschätzt. In der vierten Stufe werden die Strukturparameter durch Anwendung einer nichtlinearen kleinsten Quadrate-Schätzung berechnet. Dabei können auch nichtlineare Parameterrestriktionen durch die Anwendung von Umparametrisierungen und Straffunktionsverfahren berücksichtigt werden. Die Wahl des Schätzverfahrens wird durch die starke Konsistenz und die asymptotische Normalität der Schätzer begründet. Weiterhin werden auch die korrigierten asymptotischen Kovarianzmatrizen stark konsistent geschätzt. Schließlich wird die Erweiterung des Modells auf die simultane Analyse mehrerer Gruppen skizziert.

Stichworte

ACOVS, COSAN, Dichotome Faktorenanalyse, Faktorenanalyse erster Ordnung, Faktorenanalyse zweiter Ordnung, Gauss Newton, Hierarchische Mittelwert- und Kovarianzstrukturmodelle, Latente Variablen, LISREL, Marginale und sequentielle ML-Schätzung, Matrizendifferentiaton, Maximum-Likelihood-Schätzung, Multistrukturmodelle, Multitrait-Multimethod Faktorenanalyse, Multivariate Probitmodelle, Nichtlineare iterative gewichtete kleinste Quadrateschätzung unter Restriktionen, Ordinale Variablen, Polychorische Korrelation, Polyseriale Korrelation, Potthoff-Roy's multivariate Varianzanalyse, Probitmodelle, Proportionale Profile, Sequentielle ML-Schätzung, Simplexmodelle, Simultane Faktorenanalyse mehrerer Populationen, Simultane ökonometrische Gleichungssysteme, Starke Konsistenz und asymptotische Normalität, Three-Mode-Faktorenanalyse, Tobitmodelle, Two-Limit-Probitmodell, Zensierte Variablen

Inhaltsverzeichnis

1 **Grundlagen und historischer Überblick**   1
    1.1 Überblick 1
    1.2 Modellelemente 2
    1.3 Inhaltsübersicht 5
    1.4 Modelltheoretische Einschränkungen 7

2 **Ein allgemeines Mittelwert- und Kovarianzstrukturmodell**   11
    2.1 Grundelemente 11
    2.2 Meßrelationen 11
    2.3 Hierarchische Mittelwert- und Kovarianzstrukturen 13
        2.3.1 Hierarchieebenenstruktur 13
        2.3.2 Hierarchieschachtelungssystem 14
        2.3.3 Verteilungsspezifikation und multiplikative Momentenstruktur . . 16
    2.4 Parametrisierungen 17
    2.5 Reduzierte Form, Stichprobe und Likelihood 18
        2.5.1 Reduzierte Form 18
        2.5.2 Stichprobe und Likelihood 20

3 Spezialfälle des allgemeinen Modells   21

3.1 Mittelwertstrukturmodelle   21

3.1.1 Exogene simultane ökonometrische Gleichungssysteme mit zensierten und binären endogenen Variablen   21

3.1.2 Potthoff-Roy's multivariate Varianzanalyse   22

3.2 Kovarianzstrukturmodelle   23

3.2.1 Faktorenanalyse erster Ordnung   23

3.2.2 Faktorenanalyse zweiter Ordnung   24

3.2.3 Varianzkomponentenanalyse   24

3.2.4 Cattell's proportionale Profile   25

3.2.5 Three-Mode-Faktorenanalyse   27

3.2.6 Multitrait-Multimethod Faktorenanalyse   28

3.2.7 Endogene simultane Gleichungssysteme (Kausalmodelle)   29

3.2.8 Simplexmodelle   30

3.2.9 Das LISREL-Modell   31

3.2.10 McDonald's allgemeines Kovarianzstrukturmodell (COSAN)   32

3.3 Gemischte Mittelwert- und Kovarianzstrukturmodelle   33

3.3.1 Jöreskog's ACOVS Modell   33

3.3.2 Muthén's verallgemeinertes LISREL Modell   34

3.3.3 Bentler's Multistrukturmodell   34

4 Sequentielle Schätzung der Parameter der reduzierten Form   36

4.1 Die Struktur des Schätzverfahrens 36
4.1.1 Stufe 1: Marginale Maximum-Likelihood-Schätzung 36
4.1.2 Stufe 2: Sequentielle marginale Maximum Likelihood Schätzung   37
4.1.3 Stufe 3: Kovarianzschätzer 37

4.2 Asymptotische Eigenschaften des sequentiellen Schätzers 38
4.2.1 Annahmen 38
4.2.2 Beweis der starken Konsistenz des sequentiellen Verfahrens . . . 40
4.2.3 Beweis der asymptotischen Normalität des sequentiellen Verfahrens 41
4.2.4 Modifikationen für den fixen Regressorfall 46

4.3 Marginale ML-Schätzung der Mittelwertstrukturparameter 46
4.3.1 Metrische Meßrelationen 47
4.3.2 Ordinale Meßrelationen 47
4.3.3 Klassifiziert metrische Meßrelationen 48
4.3.4 Einseitig zensierte Meßrelationen 48
4.3.5 Zweiseitig zensierte Meßrelationen 49

4.4 Sequentielle ML-Schätzung der Kovarianzstrukturparameter 49
4.4.1 Die Struktur der Loglikelihoodfunktionselemente 49
4.4.2 Die polychorische und polyseriale Korrelation als Spezialfall . . . 51

4.5 Anhang: Die numerische Berechnung des sequentiellen Schätzers 51
4.5.1 Die numerische Bestimmung der marginalen ML-Schätzer 51
4.5.2 Die numerische Bestimmung der polytobiserialen Korrelation . . 52
4.5.3 Hinweise zur Berechnung der asymptotischen Kovarianzmatrix . 55

5 Verallgemeinerte kleinste Quadrateschätzung der Strukturparameter 57

- 5.1 Iterative gewichtete kleinste Quadrateschätzung unter Restriktionen .. 57
- 5.2 Asymptotische Eigenschaften der nichtlinearen iterativen kleinsten Quadrateschätzung 58
  - 5.2.1 Annahmen 58
  - 5.2.2 Starke Konsistenz 59
  - 5.2.3 Asymptotische Normalität 60
  - 5.2.4 Wald- und Lagrangemultiplikatortest 63
- 5.3 Iterative gewichtete kleinste Quadrateschätzung für hierarchische Mittelwert- und Kovarianzstrukturmodelle 64
  - 5.3.1 Strukturparameter und reduzierte Form 64
  - 5.3.2 Parametrisierungen und Parameterrestriktionen 66
  - 5.3.3 Numerische Bestimmung des nichtlinearen gewichteten kleinsten Quadrateschätzers unter Restriktionen 68

6 Simultane Analyse mehrerer Populationen 72

- 6.1 Modellmodifikation und Schätzung 72
- 6.2 Modelltheoretische Spezialfälle der simultanen Analyse mehrerer Populationen 73
  - 6.2.1 Die Analyse polynomialer Wachstumskurven 73
  - 6.2.2 Simultane Faktorenanalyse mehrerer Populationen 74

7 Schlußbemerkungen und ungelöste Probleme 77

ANHANG

A Wahrscheinlichkeitstheoretische Hilfssätze   79

B Eindeutigkeit der Schätzung der Mittelwertparameter bei ordinalen Meßrelationen   83

C Numerische Verfahren   86

    C.1 Optimierungsverfahren 86

        C.1.1 Regula Falsi 87

        C.1.2 Allgemeine Gradientenverfahren 88

        C.1.3 Gradientenverfahren für Likelihoodfunktionen 89

        C.1.4 Gauss-Newton Verfahren 90

        C.1.5 Straffunktionsverfahren 91

    C.2 Numerische Integrationsverfahren 92

        C.2.1 Univariate Standardnormalverteilung 92

        C.2.2 Bivariate Standardnormalverteilung 93

    C.3 Numerische Differentiation 94

D Matrizendifferentiationsregeln   95

Literaturverzeichnis   98

Kapitel 1

Grundlagen und historischer Überblick

1.1 Überblick

Seit Beginn der 70'er Jahre verlagert sich der Schwerpunkt der empirischen Nationalökonomie von makroökonometrischen zu mikroökonometrischen Fragestellungen. Einschlägige Fachzeitschriften wie *International Economic Review, Journal of Political Economy, Journal of Public Economics* und das *Quarterly Journal of Economics* dokumentieren diese Umorientierung, die vorwiegend auf sozioökonomischen Ansätzen basiert. Konsequenterweise erhebt man in einem zunehmenden Ausmaß Querschnitts- und Paneldaten auf der Basis von Individualdaten, die zur empirischen Stützung neuer Hypothesen verwendet werden. Damit treten nichtmetrische und latente endogene Variablen stärker in den Vordergrund, während traditionelle makroökonomische Untersuchungen vorwiegend auf metrischen und direkt beobachtbaren Zeitreihen aus der Bankenstatistik und der volkswirtschaftlichen Gesamtrechnung basieren.

Ein charakteristisches ökonometrisches Beispiel ist die Untersuchung von Adams (1980) über den Vermögenstransfer zwischen den Generationen, bei der im Rahmen des empirischen Theorietests als endogene Variable die *Höhe der Erbschaft* in Abhängigkeit von exogenen Regressoren (*Familienstand des Erblassers* etc.) analysiert wird. Als statistisches Modell wird das Tobitmodell (Tobin 1958; Amemiya 1973,1984) verwendet, da die endogene Variable stets nichtnegative, aber häufig auf Null konzentrierte Ausprägungen annimmt und somit als zensierte und damit als partiell stetige und partiell diskrete Zufallsvariable interpretierbar ist.

Neben derartigen nichtmetrischen, aber beobachtbaren Variablen treten in ökonomischen Modellen aber auch latente, d.h. nicht direkt beobachtbare Variablen auf. Latente Variable, die in ihrer einfachsten Form als nicht beobachtbare Fehlervektoren[1] bekannt sind, werden in immer stärkerem Ausmaß neben der Meßfehler-, Zufallsfehler- und Fehlspezifikationsinterpretation als substanzwissenschaftliche Konstrukte verwendet. Ein ökonomisch und methodologisch interessantes Musterbeispiel ist die simultane Analyse von Gesundheitskapital und Lohnniveau auf der Basis von Individual-

---
[1] Z.B. im klassischen Regressionsmodell (siehe Koopmans & Reiersøl 1950) oder bei Fehler in den Variablen Modellen (siehe Griliches 1977)

daten durch L.F.Lee (1982). In dieser Untersuchung wird die latente endogene Variable *Gesundheitskapital* durch die beiden ordinalen Indikatoren *relativer Gesundheitszustand* und *Beeinträchtigung der Arbeitszeit durch den Gesundheitszustand* indirekt gemessen. Ein ähnliches Beispiel findet man bei Maddala und Trost (1980), die die dichotomen Indikatoren *Gebrauch von Insektenvertilgungsmitteln* bzw. *Nutzung von mechanischen Landgewinnungsmethoden* zur Messung der latenten Variablen *Neigung von Filipinofarmern zu modernen agrarökonomischen Methoden* benutzen, um Produktivitätsunterschiede zu analysieren.

Latente bzw. nichtmetrische endogene Variablen treten jedoch auch bei Zeitreihen — wenn auch in einem geringeren Umfang als bei Querschnittsdaten — auf. Die Messung der latenten Variablen Konjunktur durch manifeste Konjunkturindikatoren ist mittlerweile ein Standardinstrument ökonomischer Forschung (Hujer & Cremer 1978). Relativ neu sind jedoch Ungleichgewichtsmodelle, bei denen zensierte endogene Variablen auftreten. Nelson und Olsen (1978) analysieren einen Markt mit fixer Angebotsmenge, in dem das Mengenvolumen nur durch das Minimum zwischen der fixen Angebotsmenge und der aus einer Nachfragegleichung resultierenden Nachfragemenge gemessen werden kann. Dieses Modell besitzt die Struktur eines simultanen Gleichungssystems mit einer metrischen (*Preisänderung*) und einer zensierten (*Nachfrageüberschuß*) endogenen Variablen (siehe auch Maddala 1983).

Modelle mit zensierten oder latenten Variablen beschränken sich nicht nur auf ökonomische Beispiele. Insbesondere in sozialwissenschaftlichen Disziplinen wie Psychologie und Soziologie treten nicht beobachtbare Konstrukte häufiger als in der Nationalökonomie auf.

Ein Beispiel aus der Psychologie ist die empirische Überprüfung der *Altersdifferentiationshypothese* bei der *ontogenetischen Entwicklung der Intelligenz*, die mit Hilfe einer longitudinalen Faktorenanalyse auf der Basis von Paneldaten durch Olsson und Bergman (1977) getestet wurde. Weeks (1980) reanalysiert den gleichen Datensatz mit einer longitudinalen Faktorenanalyse zweiter Ordnung, bei der die Faktoren erster Ordnung (*Wissensstand, verbale Fähigkeiten, induktive Fähigkeiten etc.*) auf einen allgemeinen *Intelligenzfaktor* zweiter Ordnung zurückgeführt werden.

Ein soziologisches Beispiel ist der Vergleich der latenten Variablen *Einstellung zur Legalität von Abtreibungen* zwischen Subpopulationen mit unterschiedlichen *Bildungsniveaus* (Muthén & Christoffersson 1981), bei dem dichotome Einstellungsindikatoren verwendet werden.

1.2 Modellelemente

Alle zitierten Beispiele weisen nicht nur erhebliche substanzwissenschaftliche, sondern auch beträchtliche modelltheoretische Unterschiede auf. Dennoch lassen sich alle angegebenen Strukturen sowie eine Vielzahl weiterer Modelle auf wenige Grundelemente zurückführen, auf denen das in dieser Arbeit behandelte Mittelwert- und Kovarianzstrukturmodell basiert.

Die einzelnen Grundelemente

- *Schwellenwertkonzept* (Thurstone 1927; Lord & Novick 1968; Bock 1975; Sixtl 1982; Maddala 1983),

- *Faktorenanalyse* (Anderson & Rubin 1956; Lawley & Maxwell 1971; Harman 1976; Arminger 1979, 1984; Überla 1977; Ost 1984) und

- *simultane ökonometrische Gleichungssysteme* (Theil 1971; Schmidt 1976; Menges 1961; Schönfeld 1969, 1971)

wurden ursprünglich getrennt entwickelt.

Das *Schwellenwertkonzept*, das auf Pearson (1900) zurückgeht, basiert auf der Annahme, daß diskrete Daten aufgrund einer Partitionierung des Wertebereichs einer stetigen, nicht beobachtbaren Zufallsvariablen generiert werden. Diese Auffassung steht in Kontrast zum Ansatz von Yule (1900), der diskrete Daten als Ausprägung eines diskreten stochastischen Prozesses betrachtet (vgl. Fienberg 1975). Das Schwellenwertkonzept führte zunächst nur zur Entwicklung des tetrachorischen Korrelationskoeffizienten (siehe etwa Kendall & Stuart 1979), der aber später zu biserialen, polychorischen und polyserialen Koeffizienten verallgemeinert wurde (Olsson 1979b; Olsson, Drasgow & Dorans 1982). In Verbindung mit Regressionsmodellen wurde dieser Ansatz zur Entwicklung von Tobitmodellen (Tobin 1958), doppelt zensierten Tobitmodellen (Rosett & Nelson 1975), binären Probitmodellen (Cox 1970) und ordinalen Probitmodellen (Aitchison & Silvey 1957; Bock 1975; McKelvey & Zavoina 1975) verwendet.

Die *Faktorenanalyse*, die ursprünglich in ihrer einfachsten Form als Einfaktormodell von Spearman (1904) im Rahmen der Intelligenzforschung entwickelt wurde, konnte seit Beginn des Jahrhunderts sowohl modelltheoretisch (z.B. von Thurstone 1947) als auch statistisch (Anderson & Rubin 1956; Lawley & Maxwell 1971) entscheidend verbessert werden. Dieser Ansatz basiert auf einer Zurückführung von multiplen metrischen Indikatoren auf eine geringe Anzahl von latenten Variablen, die als Faktoren ("traits") bezeichnet werden.

Simultane *ökonometrische Gleichungssysteme* wurden vorwiegend durch Ökonometriker (Koopmans, Leipnik, Haavelmo u.a.) in den 40'er und 50'er Jahren entwickelt (vgl. Menges 1961). Ein wichtiger Spezialfall in Form der Pfadanalyse stammt von Wright (1934). Duncan (1966) führte dieses Modell in die Soziologie ein. Mit simultanen Gleichungssystemen werden lineare Kausalbeziehungen zwischen endogenen und exogenen Variablen modelliert.

Kombinationen und Verschachtelungen dieser Grundelemente wurden erst viel später vorgenommen. Bei diesen Entwicklungen dominierten zunächst diverse Verknüpfungen von faktorenanalytischen und simultanen Modellen für metrische Variablen.

Sukzessive Verschachtelungen von zwei faktorenanalytischen Submodellen sind bei Thurstone (1947) sowie Schmid und Leiman (1957) zu finden. Dieser Ansatz wurde später von Jöreskog (1970, 1973b, 1978b, 1981) auf der Grundlage der Arbeiten von

Bock und Bargmann (1966) durch die Kombination mit dem Mittelwertstrukturmodell von Potthoff und Roy (1966) zu einem allgemeinen Kovarianzstrukturmodell (ACOVS) verallgemeinert. Ein Spezialfall ist das Varianzkomponentenmodell von Wiley, Schmidt und Bramble (1973).

Ein weiterer Schritt war die Verknüpfung von faktorenanalytischen Meßmodellen zur LISREL-Methodologie durch Jöreskog (1973a, 1977) und Keesling und Wiley (siehe Wiley 1973). Exogene Variablen wurden bei diesem Modelltyp nur in einem Spezialfall, der bei Jöreskog und Goldberger (1975) zu finden ist, berücksichtigt. Damit hat diese Modellklasse einen vorwiegend strukturellen Charakter, während funktionale Aspekte[2] im Gegensatz zu genuinen simultanen ökonometrischen Gleichungssystemen bis auf die oben erwähnte Ausnahme völlig fehlen. LISREL Modelle und verwandte Ansätze wurden methodologisch in den Monographien von Everitt (1984), Saris und Stronkhorst (1984) und Long (1984a, 1984b) ausführlich beschrieben. Diese Arbeiten enthalten neben einigen empirischen Beispielen grundsätzliche Ausführungen über die substanzwissenschaftliche Bedeutung und Anwendbarkeit von Modellen mit latenten Variablen. Kürzere Überblicke findet man bei Bentler (1980, 1986).

McDonald (1978, 1980) konstruierte ein sehr allgemeines Kovarianzstrukturmodell, das auf einer mehrfachen hierarchischen Verschachtelung von faktorenanalytischen und simultanen strukturellen Submodellen basiert. Dieses Modell enthält neben dem LISREL-Ansatz und dem ACOVS-Modell eine Reihe weiterer Modelle (u.a. parallele proportionale Profile (Cattell 1944), Three-Mode-Faktorenanalyse (Tucker 1966; Bloxom 1968; Bentler & S.Y. Lee 1978a, 1979)). Ein ähnliches verallgemeinertes Kovarianzstrukturmodell findet man bei Bentler (1976) und Bentler und Weeks (1979).

Neben diesen fundamentalen Ansätzen findet man in der Literatur eine Reihe von Modifikationen und Ergänzungen. Ein weiterer Ansatz ist die Verallgemeinerung der Faktorenanalyse, des Kovarianzstrukturmodells von Jöreskog (1970) und der LISREL-Methodologie auf die simultane Analyse mehrerer Populationen (Jöreskog 1971; Sörbom 1974, 1978, 1982).

Kombinationen des Schwellenwertmodells mit faktorenanalytischen und simultanen Modellen wurden ebenfalls seit Beginn der 70'er Jahre entwickelt. Anwendungen findet man jedoch weitaus seltener, da diese Modelle zu größeren numerischen und schätztechnischen Problemen führen.

Bock und Lieberman (1970) verknüpften das binäre Schwellenwertkonzept mit einem einfaktoriellen Modell. Dieses Modell, das als dichotome Faktorenanalyse bezeichnet wird, wurde von Christoffersson (1975) und Muthén (1978) für den mehrfaktoriellen Fall schätztechnisch verbessert und später zur simultanen Analyse von mehreren Gruppen verallgemeinert (Muthén & Christoffersson 1981).

Die Verknüpfung des Schwellenwertkonzeptes für Tobit's und Probit's mit simultanen Gleichungssystemen erfolgte auf der Basis des multivariaten Probitmodells (Ashford &

---

[2] Zur Unterscheidung siehe T.W. Anderson (1984).

Sowden 1970) vor allem durch Heckman (1976, 1978) und Maddala und L.F. Lee (1976). Wichtige schätztheoretische Ansätze stammen von Amemiya (1978b, 1979) und L.F. Lee (1981).

Eine der neuesten Entwicklungen war die Verknüpfung der LISREL-Methodologie mit Schwellenwertmodellen für ordinale Variablen. Dieser Ansatz wurde weitgehend durch Muthén (1979, 1983, 1984) entwickelt und zeichnet sich gegenüber dem LISREL-Ansatz vorwiegend durch die explizite Berücksichtigung von unabhängigen exogenen und ordinalen endogenen Variablen aus. Damit hat dieses Modell, das übrigens auch die simultane Analyse von Gruppen erlaubt, sowohl funktionale als auch strukturelle Elemente. Spezialfälle findet man bei L.F. Lee (1982) und Avery und Hotz (1982). In den Monographien von Maddala (1983) und Amemiya (1986) werden diese Entwicklungen zum Teil sehr ausführlich dargestellt.

1.3 Inhaltsübersicht

Modelltheoretisch sind diese Ansätze schon weitgehend durch die Arbeiten von McDonald (1978, 1980) und Muthén (1983, 1984) verallgemeinert worden. Eine Integration beider Ansätze wurde nach Kenntnis des Autors bis zum gegenwärtigen Zeitpunkt in der Literatur nicht dargestellt. Damit sind einige Submodelle (z.B. die Three-Mode-Faktorenanalyse) zwar im Ansatz von McDonald, aber nicht im Ansatz von Muthén enthalten. Der umgekehrte Fall gilt z.B. für multivariate Probitmodelle und für die simultane Faktorenanalyse mehrerer Populationen. Daher wurden diese Modelle schätztheoretisch, numerisch und asymptotisch teilweise getrennt behandelt, obwohl die einzelnen Schätzverfahren und Modellkonstruktionsprinzipien entweder übereinstimmen oder doch zumindest sehr ähnlich sind.

Ziel dieser Arbeit ist daher die modelltheoretische Integration dieser Ansätze und die Ableitung eines asymptotisch begründbaren und numerisch realisierbaren Sequentialschätzverfahrens.

Kapitel 2 beinhaltet eine modulare Darstellung des allgemeinen Modells, das eine Verallgemeinerung des Kovarianzstrukturmodells von McDonald (1978, 1980) darstellt. Schwerpunktmäßig werden Schwellenwertmeßrelationen und hierarchische Modellkonstruktionsprinzipien behandelt. Die wesentlichsten Erweiterungen gegenüber dem Ansatz von McDonald sind zusätzliche exogene Mittelwertstrukturen und Schwellenwertmeßrelationen für ordinale, zensierte und doppelt zensierte Variablen. Als Grundlage der asymptotischen Theorie werden die in der Literatur kaum erwähnten Stichprobendesigns explizit formuliert.

Kapitel 3 beinhaltet die wichtigsten Submodelle des allgemeinen Mittelwert- und Kovarianzstrukturmodells. Dazu gehören insbesondere simultane Probit- und Tobitmodelle, LISREL-Modelle und die ordinale Faktorenanalyse. Außerdem beinhaltet dieses Kapitel einige Literaturangaben zu hinreichenden Identifikationskriterien einiger

Submodelle. Generelle Identifikationssätze sind jedoch für den allgemeinen Ansatz genauso wie für zahlreiche Spezialfälle (z.B. LISREL, siehe Dupačová & Wold 1982) unbekannt[3].

Kapitel 4 beinhaltet ein sequentielles dreistufiges Verfahren zur Schätzung der reduzierten Form, das auf einem Vorschlag von Muthén (1983, 1984) beruht. Die Schätzung der Mittelwertparameter basiert auf einer marginalen Likelihoodfunktion (siehe auch Cox & Hinkley 1974), die in Abhängigkeit vom Skalenniveau einer endogenen beobachtbaren Variablen die Struktur einer Tobit-Likelihoodfunktion, einer Probit-Likelihoodfunktion etc. hat. Die zweite Stufe basiert auf einer konditionalen Maximierung der marginalen bivariaten Likelihoodfunktion bei vorgegebenen Schätzern der ersten Stufe. Damit werden die Ansätze von Olsson (1979b) und Olsson, Drasgow und Dorans (1982) zur Schätzung des polychorischen und des polyserialen Korrelationskoeffizienten in bivariaten Probitmodellen kombiniert und erweitert. Die Erweiterung bezieht sich im wesentlichen auf die Schätzung einer ganzen Klasse von Korrelationskoeffizienten, zu der unter anderem auch Korrelationskoeffizienten zwischen ordinalen und zensierten metrischen endogenen Variablen unter Berücksichtigung von exogenen Regressoren gehören. In der dritten Stufe werden die Kovarianzen aus den Schätzern der ersten beiden Stufen algebraisch berechnet. Die asymptotische Theorie dieses Schätzverfahrens orientiert sich an dem klassischen Ansatz von Jennrich (1969) zum Nachweis der starken Konsistenz des nichtlinearen kleinsten Quadrateschätzers für nichtlineare Einzelgleichungen mit exogenen Regressoren. Dieser flexible und modifikationsfähige Ansatz wurde in der Vergangenheit extensiv auf ein- und zweistufige Schätzverfahren für Tobitmodelle (Amemiya 1973), diskrete Präferenzmodelle (Manski & Lerman 1977, Manski & McFadden 1981a), Switching Regression (L.F. Lee 1979), nichtlineare Regressionsmodelle mit stochastischen Regressoren (White 1980) etc. angewandt. Die Ableitung der asymptotischen Kovarianzmatrix basiert auf einer Modifikation einer unkonventionellen zweistufigen Taylorreihenentwicklung, die Amemiya (1978a) zur Korrektur der asymptotischen Kovarianzen des zweistufig geschätzten geschachtelten Logitmodells konzipierte.

Kapitel 5 konzentriert sich auf den nichtlinearen gewichteten verallgemeinerten kleinsten Quadrateschätzer, mit dem die Strukturparameter aus den Schätzern der reduzierten Form geschätzt werden. Dieses Verfahren, das auf der Minimum-χ^2-Methode (Ferguson 1958) basiert, wurde von Browne (1977, 1982, 1984) und Shapiro (1983) für Momentenstrukturen theoretisch intensiv untersucht und von Muthén (1983, 1984) auf das verallgemeinerte LISREL-Modell angewandt. Allerdings leitete Muthén die Gewichtsmatrix dieses Schätzverfahrens, die auf der zweistufigen Schätzung der reduzierten Form basiert, nicht ab. Daher stützt sich die in diesem Kapitel abgeleitete vierte Stufe auf der in Kapitel 4 explizit berechneten korrigierten Kovarianzmatrix der marginalen und sequentiellen Schätzer der reduzierten Form. Außerdem werden nichtlineare Parameterrestriktionen durch Umparametrisierungen, Straffunktionsprogramme und Multiplier-Methoden explizit bei der Schätzung der vierten Stufe berücksichtigt. Dieser Ansatz stützt sich auf die Arbeiten von Luenberger (1984), Bertsekas (1976),

---

[3]Im übrigen eignet sich das allgemeine Kovarianzstrukturmodell vorwiegend für konfirmatorische (hypothesentestende) Fragestellungen (Jöreskog 1969, Arminger 1979), da explorative Modelle ohne willkürliche Parameterrestriktionen in der Regel nicht identifiziert sind.

S.Y. Lee (1979, 1980, 1981) und Bentler und S.Y. Lee (1983). Die Beweise zur asymptotischen Theorie unter Restriktionen basieren auf den oben zitierten Arbeiten von Browne und Shapiro sowie auf den Artikeln von Aitchison und Silvey (1958) und S.Y. Lee und Bentler (1980).

Kapitel 6 skizziert eine Erweiterung des hierarchischen Mittelwert- und Kovarianzstrukturmodells auf die simultane Analyse mehrerer Gruppen, die in Analogie zur dichotomen Faktorenanalyse mehrerer Populationen (Muthén & Christoffersson 1981) formuliert wird[4]. Details werden jedoch nicht angegeben.

Kapitel 7 skizziert einige ungelöste Probleme, zu denen insbesondere die Systemidentifikation gehört.

Anhang 1 beinhaltet einige ungebräuchliche Hilfssätze der Wahrscheinlichkeitstheorie, die für die in den Kapiteln 4 und 5 geführten Konsistenzbeweise benötigt werden.

Anhang 2 beinhaltet exemplarisch den Nachweis der Identifizierbarkeit der Mittelwertparameter für ordinale Meßrelationen.

Anhang 3 beinhaltet einen Überblick über numerische Verfahren zur Berechnung des vierstufigen Schätzers. Dazu gehören nichtlineare Optimierungsverfahren sowie numerische Integrationsmethoden.

Anhang 4 beinhaltet die wichtigsten Matrizendifferentiationsregeln, die zur numerischen Bestimmung des nichtlinearen iterativen gewichteten kleinsten Quadrate Schätzers mit Hilfe von numerischen Optimierungsverfahren auf der Basis der ersten Ableitungen benötigt werden.

1.4 Modelltheoretische Einschränkungen

Wie man schon anhand der Inhaltsübersicht erkennen kann, treten durch die Berücksichtigung von nichtmetrischen endogenen Variablen beträchtliche schätztheoretische Probleme auf, die bei rein metrischen Kovarianzstrukturmodellen völlig fehlen. Daher erhebt sich die Frage, ob es methodologisch und statistisch nicht gerechtfertigt werden kann, zensierte und ordinale Daten einfach wie metrische Variable zu behandeln. Leider muß diese Frage verneint werden. So führt z.B. die Schätzung von Tobitmodellen durch das gewöhnliche kleinste Quadrateprinzip zu inkonsistenten Schätzern (Greene 1981), die allerdings unter zusätzlichen Annahmen korrigiert werden können. Außerdem zeigten Simulationsstudien, daß die Anwendung der metrischen Faktorenanalyse auf dichotome Variablen sehr sensibel auf schiefverteilte manifeste Variablen reagiert und bei explorativen Untersuchungen dazu neigt, "zuviele" latente Faktoren zu reproduzieren (Olsson 1979a). Siehe dazu auch Mooijaart (1983). Daher ist eine Modellbildung erforderlich, die die Skalenniveaus der endogenen manifesten Variablen voll berücksichtigt.

---

[4]Eine Erweiterung des verallgemeinerten LISREL-Modells von Muthén (1983, 1984) auf qualitative Indikatoren findet man in Arminger und Küsters (1985, 1986).

Das in dieser Arbeit behandelte Modell löst allerdings nur einen kleinen Teil der methodologischen Probleme, die mit latenten Variablenmodellen verbunden sind.

Die erste implizite Restriktion ergibt sich durch die Annahme der metrischen Skalierung der latenten Variablen, die die Rückgriffsmöglichkeit auf metrische Momentenstrukturmodelle sichert. Daher beschränkt sich der diskrete Charakter des Modells auf die Verknüpfung diskreter Daten mit stetigen Variablen über Meßrelationen. Dies ist eine erhebliche Einschränkung, wenn man beachtet, daß einige realwissenschaftliche Konstrukte (z.B. soziale Klassen) aufgrund ihrer inhaltlichen Interpretation ordinal oder nominal skaliert sind.

Eine weitere Einschränkung ergibt sich durch die Annahme der Normalverteilung der latenten Variablen. Diese Annahme ist nahezu unvermeidbar, da eine Reihe von Schwellenwertmodellen (Tobit's, polyseriale Korrelation etc.) nur für diesen Verteilungstyp entwickelt wurden. Außerdem läßt sich diese Verteilung durch die ersten beiden Momente vollständig charakterisieren. Weiterhin ist der Wertebereich der Korrelationskoeffizienten bei der multivariaten Normalverteilung im Gegensatz zu einigen anderen multivariaten Verteilungen (Gumbel 1960, 1961) nicht auf echte Teilmengen vom Intervall $(-1, +1)$ beschränkt.

Weiterhin wurden heteroskedastische und autokorrelierte Fehlerprozesse (Judge et. al. 1980) aus der stochastischen Spezifikation des allgemeinen Modells ausgeschlossen. Heteroskedastische Prozesse lassen sich z.B. zwar bei Tobitmodellen berücksichtigen. Faktisch erfordert diese Vorgehensweise aber eine vom Prozeßtyp abhängige Modifikation des Schätzverfahrens (Maddala 1983) — es sei denn, man verwendet Least Absolute Deviation Estimators (Powell 1984). Ordinale Probit's mit Heteroskedastizität behandelt McCullagh (1980).

Eine substanzwissenschaftlich gravierendere Einschränkung ergibt sich dadurch, daß stochastische Indikatorvariable[5] (Heckman's (1976, 1978) Modell mit strukturellem Shift) als endogene Regressoren innerhalb der simultanen Subgleichungssysteme ausgeschlossen werden. Hauptgrund dieser Einschränkung ist ein logisches Konsistenzproblem (Schmidt 1981, Maddala & L.F. Lee 1976), da die Existenz der reduzierten Form nur unter einer Quasi-Rekursivitätsbedingung gesichert ist. Eine analoge Einschränkung gilt für zensierte endogene Regressoren (Amemiya 1974)[6]. Ein weiteres, modelltheoretisch nebensächliches, aber praktisch gravierendes Problem liegt in der Schwierigkeit, geeignete Instrumentvariablen für endogene Indikatorvariablen zu finden. Erste Ansätze sind jedoch in Dubin und McFadden (1984) sowie in Bowden und Turkington (1984) zu finden. Damit sind binäre, als qualitativ zu interpretierende Variablen faktisch aus dem Modell ausgeschlossen — es sei denn, sie treten als abhängige Variablen auf, die von anderen endogenen Variablen unabhängig sind.

Noch erheblichere Einschränkungen gelten für polytome nominalskalierte Variablen. Multinomiale Probitmodelle (Daganzo 1979) auf der Basis des Zufallsnutzenmaximierungsprinzips (Bock 1975, McFadden 1981) lassen sich zwar als restringierte

---

[5] Unter stochastischen Indikatorvariablen werden hier $\{0, 1\}$ Variable verstanden, die sich nicht im Rahmen eines Schwellenwert- oder Zufallsnutzenmaximierungsmodells interpretieren lassen.

[6] Allgemeinere Existenzaussagen findet man in Gourieroux, Laffont und Monfort (1980).

binäre Probitmodelle formulieren (Heckman 1978). Faktisch treten aber schwierige numerische Optimierungsprobleme auf (Hausman & Wise 1978; Lerman & Manski 1981), die eine Anwendung in multivariaten Modellen bisher verhindern. Nominalskalierte endogene Indikatorvariablen, die in Form eines "latent trait Modells" (Bock 1972) auf eine metrische latente Variable zurückgeführt werden, können jedoch im hierarchischen Modell berücksichtigt werden (Arminger & Küsters 1985, 1986).

Diese Einschränkungen, die natürlich in einem noch stärkerem Ausmaß für Submodelle wie LISREL etc. gelten, führten dazu, daß eine Reihe verwandter Modelle für ähnliche substanzwissenschaftliche Problemstellungen mit diskreten und latenten Variablen entwickelt wurden, die nicht durch Mittelwert- und Kovarianzstrukturmodelle adäquat modelliert werden können. Daher sind unter anderem auch die folgenden, potentiell konkurrierenden Modelle vor der Verwendung von Kovarianzstrukturmodellen auf ihre empirische Anwendbarkeit zu prüfen:

- Gestutzte Regressionsmodelle (zum Vergleich mit Tobit's siehe Maddala (1983)).

- Zufallsnutzenmaximierungsmodelle für polytome qualitative Variablen (McFadden 1981) wie multinomiale Logitmodelle (McFadden 1974, Bock 1975), multinomiale Probit's (Daganzo 1979) und TEV-Modelle (McFadden 1978, 1981).

- Regressionsmodelle für ordinale Variablen wie Schwellenwertmodelle (ordinale Logit's, komplementäre Log-Log's; McCullagh 1980, J.A. Anderson & Philips 1981), Continuation Ratio Modelle (Fienberg 1977) und Mischformen zwischen ordinalen und multinomialen Logit's wie das stereotype Modell von J.A. Anderson (1984).

- Faktorenanalytische Modelle mit diskreten Faktoren wie etwa Latent-Class und Latent-Profile Modelle (Andersen 1982; Ost 1984; Formann 1984; Fischer 1973; Bartholomew 1980, 1983, 1984 und Arminger 1983). Diese Ansätze gehören zur Klasse der Mischverteilungsmodelle (Everitt & Hand 1981; Titterington, Smith & Makov 1985).

- Simultane und rekursive ökonometrische Gleichungssysteme mit binären (Heckman 1976, 1978) und polytomen endogenen Regressoren (L.F. Lee 1983; Dubin & McFadden 1984) sowie verwandte Modelle wie die Switching Regression (L.F. Lee 1979).

- Loglineare Modelle zur Analyse von nominalskalierten Variablen (Bishop, Fienberg & Holland 1975; Arminger 1982) und Erweiterungen (Schmidt & Strauss 1975).

- Momentenstrukturmodelle höherer Ordnung, mit denen auch schiefverteilte metrische Variablen analysiert werden können (Bentler 1983, Browne 1984).

- Partial Least Squares Modelle (Wold 1982), die prognoseorientiert sind und dem LISREL-Ansatz ähneln. Für einen Vergleich siehe Jöreskog und Wold (1982).

Eine Vielzahl weiterer Modelle mit vorwiegend ökonometrischen Anwendungen findet man in Maddala (1983), Amemiya (1986) und im Sammelband von Manski und McFadden (1981b). Allerdings sind diese Modelle bisher kaum kombiniert und integriert worden.

Kapitel 2

Ein allgemeines Mittelwert- und Kovarianzstrukturmodell

2.1 Grundelemente

Die Inferenzbasis des allgemeinen Modells ist eine Stichprobe $\{Y_t, x_t\}_{t=1,\ldots,T}$ vom Umfang T, wobei $Y_t \sim n \times 1$ ein Vektor von endogenen und $x_t \sim m \times 1$ ein Vektor von exogenen Variablen ist. Die Elemente von Y_t bestehen aus metrischen, metrisch klassifizierten, ein- und zweiseitig zensierten, binär qualitativen und ordinalen Variablen, die elementweise über Schwellenwertmeßrelationen mit einem latenten endogenen Variablenvektor $Y_t^* \sim n \times 1$ verbunden sind. Die konditionale Verteilung der Zufallsvariablen Y_t^* bei gegebenen exogenen Variablen x_t wird durch eine n-dimensionale Normalverteilung mit Erwartungswert

$$E_\vartheta(Y_t^* \mid x_t) = \gamma(\vartheta) + \Pi(\vartheta) \cdot x_t \tag{2.1}$$

und Kovarianzmatrix

$$V_\vartheta(Y_t^* \mid x_t) = \Sigma(\vartheta) \tag{2.2}$$

als Funktion des Strukturparameter $\vartheta \in \Theta$ spezifiziert. Die konditionalen Parametermatrizen $\gamma(\vartheta) \sim n \times 1$, $\Pi(\vartheta) \sim n \times m$ und $\Sigma(\vartheta) \sim n \times n$ werden durch hierarchische Verschachtelungen von faktorenanalytischen Submodellen und simultanen Strukturgleichungssystemen generiert.

2.2 Meßrelationen

Die einzelnen Elemente Y_{ti} $(i = 1,\ldots,n)$ der endogenen Variablen Y_t werden in Abhängigkeit vom Skalenniveau über Schwellenwertmeßrelationen mit den Elementen

Y_{ti}^* der latenten Variablen Y_t^* verbunden. Zur Notationsvereinfachung wird der Fallindex t von nun an fortgelassen.

- Y_i metrisch.

$$Y_i = Y_i^* \tag{2.3}$$

(Identitätsrelation)

- Y_i klassifiziert metrisch mit apriori bekannten Klassengrenzen $\tau_{i1} < \tau_{i2} < \ldots < \tau_{i,K_i}$ und Kategorien $Y_i = 1, \ldots, K_i + 1$ (Stewart 1983).

$$Y_i = k \iff Y_i^* \in [\tau_{i,k-1}, \tau_{i,k}) \tag{2.4}$$

mit $[\tau_{i,0}, \tau_{i,1}) = (-\infty, \tau_{i,1})$ und $\tau_{i,K_i+1} = +\infty$.

- Y_i einseitig zensiert mit apriori bekanntem Schwellenwert τ_i (Tobitrelation, Tobin 1958).

$$Y_i = \left\{ \begin{array}{ll} Y_i^* & \text{falls } Y_i^* > \tau_i \\ \tau_i & \text{falls } Y_i^* \leq \tau_i \end{array} \right\} \tag{2.5}$$

- Y_i zweiseitig zensiert mit den apriori bekannte Schwellenwerten $\tau_{i1} < \tau_{i2}$ (Two-Limit-Probitrelation, Rosett & Nelson 1975).

$$Y_i = \left\{ \begin{array}{ll} \tau_{i1} & \text{falls } Y_i^* \leq \tau_{i1} \\ Y_i^* & \text{falls } \tau_{i1} < Y_i^* < \tau_{i2} \\ \tau_{i2} & \text{falls } \tau_{i2} \leq Y_i^* \end{array} \right\} \tag{2.6}$$

- Y_i ordinal mit unbekannten Schwellenwerten $\tau_{i1} < \tau_{i2} < \ldots < \tau_{i,K_i}$ und geordneten Kategorien $Y_i = 1, \ldots, K_i + 1$ (Ordinales Probit, McKelvey & Zavoina 1975).

$$Y_i = k \iff Y_i^* \in [\tau_{i,k-1}, \tau_{i,k}) \tag{2.7}$$

mit $[\tau_{i,0}, \tau_{i,1}) = (-\infty, \tau_{i,1})$ und $\tau_{i,K_i+1} = +\infty$.

Ist Y_i eine binäre qualitative Variable, so wird die Probitrelation (2.7) mit $K_i + 1 = 2$ als Zufallsnutzenmaximierungsmodell interpretiert (Nelson 1976, Daganzo 1979). Der Vektor $\tau_i = (\tau_{i1}, \ldots, \tau_{i,K_i})^T \sim s_i \times 1$ bezeichnet die Schwellenwerte einer endogenen Variablen Y_i, während $\tau(\vartheta) = (\tau_1^T, \ldots, \tau_n^T)^T$ der Vektor aller Schwellenwerte ist und eine Funktion des Strukturparameters ϑ darstellt.

Die Abbildungen (2.3-2.7) werden komponentenweise mit $Y_i = c_i(Y_i^*, \tau)$ zu einer vektoriellen Funktion zusammengefaßt. Zur Notationsvereinfachung wird o.B.d.A. angenommen, daß die ersten r Elemente $(Y_1, \ldots, Y_r)$ des Vektors Y aus metrischen und zensierten Variablen zusammengesetzt sind, während die verbleibenden $(n-r)$ Elemente $(Y_{r+1}, \ldots, Y_n)$ ordinale Variablen darstellen.

2.3 Hierarchische Mittelwert- und Kovarianzstrukturen

2.3.1 Hierarchieebenenstruktur

Die parametrische Strukturierung der konditionalen Mittelwerte und Kovarianzen (2.1 - 2.2) basiert auf einem Modellkonstruktionsprinzip, das von McDonald (1978, 1980) zur ausschließlichen Strukturierung von Kovarianzmatrizen entwickelt wurde. Grundlage dieses Ansatzes sind $H+1$ latente, endogene Variablen $\eta_h \sim n_h \times 1$, deren konditionale Verteilungen bei gegebenen $\eta_{h+1} \sim n_{h+1} \times 1$ durch $H+1$ konditionale Hierarchieebenenstrukturen

$$B_{h+1}\eta_h = \mu_{h+1} + \Lambda_{h+1}\eta_{h+1} + \Gamma_{h+1}x_{h+1} + \epsilon_{h+1} \quad (h = 0, 1, \ldots, H) \tag{2.8}$$

spezifiziert werden. Die latente Variable η_0 wird durch die Identität $Y^* = \eta_0$ mit den latenten Variablen der Schwellenwertmeßrelation verbunden. Die Variable $x_{h+1} \sim m_{h+1} \times 1$ ist ein Subvektor von x_t, während $\epsilon_{h+1} \sim n_h \times 1$ ein latenter Fehlerterm ist. Jede Hierarchieebene wird durch die Matrizen $B_{h+1} \sim n_h \times n_h, \mu_{h+1} \sim n_h \times 1, \Lambda_{h+1} \sim n_h \times n_{h+1}$ und $\Gamma_{h+1} \sim n_h \times m_{h+1}$ parametrisiert. Die reguläre Parametermatrix B_{h+1} wird üblicherweise zur Darstellung der simultanen Kausalbeziehungen zwischen den Komponenten von η_h (Schmidt 1976) oder als Skalierungsmatrix in der Varianzkomponentenanalyse (Wiley, Schmidt & Bramble 1973) verwendet. Der Vektor μ_{h+1} repräsentiert den allgemeinen Mittelwert der Variablen η_h. Die Matrix Γ_{h+1} repräsentiert den linearen Einfluß der exogenen Variablen, während Λ_{h+1} entweder als Faktorladungsmatrix (Arminger 1979) oder als Designmatrix der Varianzkomponentenanalyse (Wiley, Schmidt & Bramble 1973) verwendet wird.

Modelltheoretisch basiert Gleichung 2.8 auf folgenden Spezialfällen:

- Faktorenanalyse (Lawley & Maxwell 1971)

$$\eta_h = \mu_{h+1} + \Lambda_{h+1}\eta_{h+1} + \epsilon_{h+1} \tag{2.9}$$

mit $n_h \gg n_{h+1}$. Der Fehlertermvektor ϵ_{h+1} wird als spezifischer Faktor interpretiert, während η_{h+1} die gemeinsamen Faktoren repräsentiert. Die Regressormatrix Λ_{h+1} wird als Faktorladungsmatrix verwendet.

- Exogene ökonometrische Simultangleichungssysteme (Schmidt 1976)

$$B_{h+1}\eta_h = \mu_{h+1} + \Gamma_{h+1}x_{h+1} + \epsilon_{h+1} \quad (h = 0, \ldots, H) \tag{2.10}$$

Die Matrix Γ_{h+1} repräsentiert lineare Abhängigkeiten der endogenen Variablen η_h von exogenen, nicht durch das Modell determinierten Variablen x_{h+1}, während B_{h+1} lineare Kausalbeziehungen zwischen den Komponenten von η_h modelliert. Die Zufallsvariable ϵ_{h+1} wird als Fehlerterm interpretiert.

2.3.2 Hierarchieschachtelungssystem

Zur Verknüpfung der einzelnen Hierarchieebenen wird (2.8) in die quasireduzierte Form der Ebene h überführt[1].

$$\eta_h = B_{h+1}^{-1} \left(\mu_{h+1} + \Lambda_{h+1}\eta_{h+1} + \Gamma_{h+1}x_{h+1} + \epsilon_{h+1} \right) \tag{2.11}$$

$$= B_{h+1}^{-1} \left(I_{n_h}, \Lambda_{h+1} \right) \begin{pmatrix} \epsilon_{h+1} + \mu_{h+1} + \Gamma_{h+1}x_{h+1} \\ \eta_{h+1} \end{pmatrix} \tag{2.12}$$

Die einzelnen Hierarchieebenen werden durch sukzessives Einsetzen der quasireduzierten Formen verknüpft (Vgl. Bentler 1976 und Bentler & Weeks 1979). Dabei wird der Matrizenpartitionierungsansatz von McDonald (1978, 1980) verwendet. Zur Notationsvereinfachung werden folgende Matrizen definiert:

$$F_h = \begin{pmatrix} I_{n_0} & 0 & \cdots & 0 & 0 \\ 0 & I_{n_1} & \cdots & 0 & 0 \\ \vdots & \vdots & \ddots & \vdots & \vdots \\ 0 & 0 & \cdots & I_{n_{h-2}} & 0 \\ 0 & 0 & \cdots & 0 & B_h \end{pmatrix}^{-1} \tag{2.13}$$

$$G_h = \begin{pmatrix} I_{n_0} & 0 & \cdots & 0 & 0 & 0 \\ 0 & I_{n_1} & \cdots & 0 & 0 & 0 \\ \vdots & \vdots & \ddots & \vdots & \vdots & \vdots \\ 0 & 0 & \cdots & I_{n_{h-2}} & 0 & 0 \\ 0 & 0 & \cdots & 0 & I_{n_{h-1}} & \Lambda_h \end{pmatrix} \tag{2.14}$$

$$K_h = \begin{pmatrix} \Gamma_1 & 0 & \cdots & 0 \\ 0 & \Gamma_2 & \cdots & 0 \\ \vdots & \vdots & \ddots & \vdots \\ 0 & 0 & \cdots & \Gamma_h \end{pmatrix} \tag{2.15}$$

$$\eta_{(h)} = (\epsilon_1^T, \ldots, \epsilon_{h-1}^T, \eta_{h-1}^T)^T \tag{2.16}$$

$$\mu_{(h)} = (\mu_1^T, \ldots, \mu_h^T)^T \tag{2.17}$$

$$x_{(h)} = (x_1^T, \ldots, x_h^T)^T \tag{2.18}$$

Sukzessives Einsetzen von (2.12) für drei Hierarchieebenen ergibt:

---

[1]Gleichung (2.11) stellt nicht die reduzierte Form des Gesamtsystems dar und wird daher als quasireduzierte Form bezeichnet.

$$\eta_0 = \tag{2.19}$$

$$B_1^{-1}(I_{n_0}, \Lambda_1) \begin{pmatrix} \epsilon_1 + \mu_1 + \Gamma_1 x_1 \\ \eta_1 \end{pmatrix} =$$

$$B_1^{-1}(I_{n_0}, \Lambda_1) \begin{pmatrix} I_{n_0} & 0 \\ 0 & B_2 \end{pmatrix}^{-1} \begin{pmatrix} \epsilon_1 + \mu_1 + \Gamma_1 x_1 \\ (I_{n_1}, \Lambda_2) \begin{pmatrix} \epsilon_2 + \mu_2 + \Gamma_2 x_2 \\ \eta_2 \end{pmatrix} \end{pmatrix} =$$

$$B_1^{-1}(I_{n_0}, \Lambda_1) \begin{pmatrix} I_{n_0} & 0 \\ 0 & B_2 \end{pmatrix}^{-1} \begin{pmatrix} I_{n_0} & 0 & 0 \\ 0 & I_{n_1} & \Lambda_2 \end{pmatrix} \begin{pmatrix} \epsilon_1 + \mu_1 + \Gamma_1 x_1 \\ \epsilon_2 + \mu_2 + \Gamma_2 x_2 \\ \eta_2 \end{pmatrix} =$$

$$F_1 G_1 F_2 G_2 \begin{pmatrix} \epsilon_1 + \mu_1 + \Gamma_1 x_1 \\ \epsilon_2 + \mu_2 + \Gamma_2 x_2 \\ \eta_2 \end{pmatrix} =$$

$$F_1 G_1 F_2 G_2 \begin{pmatrix} I_{n_0} & 0 & 0 \\ 0 & I_{n_1} & 0 \\ 0 & 0 & B_3 \end{pmatrix}^{-1}$$

$$\times \left(\begin{pmatrix} I_{n_0} & 0 & 0 & 0 \\ 0 & I_{n_1} & 0 & 0 \\ 0 & 0 & I_{n_2} & \Lambda_3 \end{pmatrix} \begin{pmatrix} \epsilon_1 \\ \epsilon_2 \\ \epsilon_3 \\ \eta_3 \end{pmatrix} + \begin{pmatrix} \mu_1 \\ \mu_2 \\ \mu_3 \end{pmatrix} + \begin{pmatrix} \Gamma_1 & 0 & 0 \\ 0 & \Gamma_2 & 0 \\ 0 & 0 & \Gamma_3 \end{pmatrix} \begin{pmatrix} x_1 \\ x_2 \\ x_3 \end{pmatrix} \right) =$$

$$F_1 G_1 F_2 G_2 F_3 \left(G_3 \eta_{(4)} + \mu_{(3)} + K_3 x_{(3)} \right)$$

Für den allgemeinen Fall mit H Hierarchiestufen erhält man unter Verwendung der Identität

$$\eta_{(h+1)} + \begin{pmatrix} \mu_{(h)} \\ 0 \end{pmatrix} + \begin{pmatrix} K_h x_{(h)} \\ 0 \end{pmatrix} = F_{h+1} \left(G_{h+1} \eta_{(h+2)} + \mu_{(h+1)} + K_{h+1} x_{(h+1)} \right) \tag{2.20}$$

die Gleichung

$$\eta_0 = \left(\prod_{h=1}^{H-1} \{F_h G_h\} \right) F_H \left(G_H \eta_{(H+1)} + \mu_{(H)} + K_H x_{(H)} \right) \tag{2.21}$$

2.3.3 Verteilungsspezifikation und multiplikative Momentenstruktur

Zur Sicherung der multivariaten Normalität der endogenen Zufallsvariablen $Y_t^*|x_t$ wird die Verteilung von $\eta_{(H+1)}$ durch eine multivariate Normalverteilung mit Erwartungswert $E_\vartheta(\eta_{(H+1)}|x_t) = 0$ und Kovarianzmatrix $V_\vartheta(\eta_{(H+1)}|x_t) = \Omega(\vartheta)$ festgelegt.

$$\eta_{(H+1)}|x_t \sim \mathcal{N}(0, \Omega(\vartheta)) \tag{2.22}$$

Damit erhält man die in den Parametermatrizen multiplikative Momentenstruktur

$$Y_t^*|x_t \sim \mathcal{N}(\gamma(\vartheta) + \Pi(\vartheta) \cdot x_t, \Sigma(\vartheta)) \quad \text{mit} \tag{2.23}$$

$$x_t = x_{t(H)} \tag{2.24}$$

$$\gamma(\vartheta) = \left(\prod_{h=1}^{H-1}\{F_h G_h\}\right) F_H \mu_{(H)} \tag{2.25}$$

$$\Pi(\vartheta) = \left(\prod_{h=1}^{H-1}\{F_h G_h\}\right) F_H K_H \quad \text{und} \tag{2.26}$$

$$\Sigma(\vartheta) = \left(\prod_{h=1}^{H}\{F_h G_h\}\right) \Omega(\vartheta) \left(\prod_{h=1}^{H}\{F_h G_h\}\right)^T \tag{2.27}$$

Unstrukturierte Abhängigkeiten zwischen verschiedenen Hierarchieebenen werden durch die konditionale Unabhängigkeitsannahme[2]

$$\Omega(\vartheta) = \text{diag}\{\Omega_1, \ldots, \Omega_{H+1}\} \quad \text{mit} \tag{2.28}$$

$$\Omega_h = V_\vartheta(\epsilon_h) \text{ für } h = 1, \ldots, H \text{ und } \Omega_{H+1} = V_\vartheta(\eta_H)$$

ausgeschlossen. Damit läßt sich die Dichte von η_0 auch als Mischverteilung (Everitt & Hand 1981; Everitt 1984)

$$\varphi(\eta_0|x) = \int_{\mathcal{R}^{n_1}} \cdots \int_{\mathcal{R}^{n_H}} \left\{\prod_{h=1}^{H} \varphi(\eta_{h-1}|\eta_h)\right\} \varphi(\eta_H) \, d\eta_H \ldots d\eta_1 \tag{2.29}$$

---
[2]Diese konditionale Unabhängigkeitsannahme darf nicht mit der konditionalen Unabhängigkeitsannahme der Faktorenanalyse verwechselt werden, die die Unabhängigkeit der Komponenten von ϵ_{h+1} in 2.9 voraussetzt (vgl. Bartholomew 1984).

darstellen. Der Ausdruck $\varphi(\eta_h|\eta_{h+1})$ ist eine Normalverteilungsdichte mit

$$E_\vartheta(\eta_h|\eta_{h+1}) = B_{h+1}^{-1}(\mu_{h+1} + \Lambda_{h+1}\eta_{h+1} + \Gamma_{h+1}x_{h+1}) \quad \text{und} \tag{2.30}$$

$$V_\vartheta(\eta_h|\eta_{h+1}) = B_{h+1}^{-1}\Omega_{h+1}B_{h+1}^{-1\,T} \tag{2.31}$$

2.4 Parametrisierungen

Standardparametrisierungen (Jöreskog 1981) lassen sich dadurch charakterisieren, daß die Elemente von $\{\tau, B_h, \Lambda_h, \Gamma_h, \Omega_h\}$ entweder

1. apriori festgelegt sind (z.B. Ausschluß - und Normierungsrestriktionen durch $\{0,1\}$ Koeffizienten) oder

2. mit einem Element des Strukturparameters ϑ übereinstimmen, der nicht restringiert ist.

Die multiplikative Momentenstruktur von Standardmodellen basiert somit auf Matrizenprodukten, deren Elemente entweder direkt $\{\tau, G_h, K_h, \Omega_h\}$ oder indirekt über Umkehrmatrizen F_h^{-1} mit den einzelnen Komponenten des Strukturparameters ϑ übereinstimmen. Die meisten Kovarianzstrukturmodelle lassen sich durch eine Standardparametrisierung als Spezialfall der multiplikativen Momentenstruktur darstellen (Kapitel 3). Bei einigen Nonstandardmodellen der Faktorenanalyse treten jedoch Faktorladungsmatrizen auf, die aus Kroneckerprodukten oder Khatri-Rao-Produkten zusammengesetzt sind. Bei der Three-Mode-Faktorenanalyse (Bentler & S.Y. Lee 1978a, 1979) ist die Faktorladungsmatrix durch das Matrizenprodukt

$$\Lambda = (\Lambda_1 \otimes \Lambda_2) \cdot \Lambda_3 \tag{2.32}$$

definiert, das sich mit Hilfe der Produktregel $A \otimes B = (A \otimes I)(I \otimes B)$ aus Rao (1973, 1.b.8 (i)(e)) in das Matrizenprodukt

$$\Lambda = (\Lambda_1 \otimes I) \cdot (I \otimes \Lambda_2) \cdot \Lambda_3 \tag{2.33}$$

zerlegen läßt. Ein ähnlicher Fall tritt bei Cattell's proportionalen Profilen (Cattell 1944) und bei der Wachstumskurvenanalyse von Potthoff und Roy (1964) auf. Um derartige Modelle in das allgemeine Mittelwert- und Kovarianzstrukturmodell zu integrieren, wird die multiplikative Momentenstruktur (2.23–2.27) geringfügig verallgemeinert.

$$\gamma(\vartheta) = \prod_{i=1}^{I} L_i \tag{2.34}$$

$$\Pi(\vartheta) = \prod_{j=1}^{J} M_j \tag{2.35}$$

$$\Sigma(\vartheta) = \left(\prod_{k=1}^{K} N_k\right) \Omega \left(\prod_{k=1}^{K} N_k\right)^T \qquad (2.36)$$

Über folgende Gleichungen läßt sich die multiplikative Momentenstruktur (2.23-2.27) als Spezialfall von (2.23, 2.34-2.36) darstellen:

$$I = J = K = 2H$$

$$L_i = M_i = N_i = \left\{ \begin{array}{ll} F_{(i+1)/2} & \text{für } i = 1, 3, 5, \ldots, 2H - 1 \\ G_{i/2} & \text{für } i = 2, 4, 6, \ldots, 2H - 2 \end{array} \right\} \qquad (2.37)$$

$$L_{2H} = \mu_{(H)}, \quad M_{2H} = K_H \quad \text{und} \quad N_{2H} = G_H$$

In der Regel lassen sich die meisten Submodelle durch eine Standardparametrisierung der Modellrepräsentation (2.23, 2.34-2.36) darstellen. Nichtlineare Parameterrestriktionen (Ungleichungen, polynomiale Restriktionen etc.) werden im Rahmen der Schätzung in Kapitel 5 behandelt.

2.5 Reduzierte Form, Stichprobe und Likelihood

2.5.1 Reduzierte Form

Durch eine Verknüpfung der Mittelwert- und Kovarianzstruktur (2.1-2.2) mit den Schwellenwertmeßrelationen (2.3-2.7) erhält man die konditionale Selektionswahrscheinlichkeit der gemischt stetig-diskreten endogenen Variablen Y_t bei gegebenen exogenen Variablen x_t.

$$P(Y_t|x_t, \vartheta) = \int_{c^-(Y_t, \tau)} \varphi(Y^*|\gamma + \Pi x_t, \Sigma) \, dY^* \qquad (2.38)$$

Dabei ist $\varphi(Y^*|\gamma + \Pi x_t, \Sigma)$ die Dichte einer n-dimensionalen Normalverteilung mit Erwartungswert $\gamma + \Pi x_t$ und Kovarianzmatrix Σ, während $c^-(Y, \tau) = \{Y^*|c(Y^*, \tau) = Y\} \subset \mathcal{R}^n$ die inverse Meßrelation ist[3]. Die Matrizen τ, γ, Π und Σ werden als Parameter der reduzierten Form bezeichnet. Die zu einer ordinalen Variablen Y_i korrespondierenden Parameter der reduzierten Form γ_i, Π_i und σ_i^2 sind nicht identifizierbar, da die Schwellenwerte τ_i unbekannt sind und die Varianz einer ordinalen Variablen i.d.R. nicht

---

[3]Enthalten die Komponenten von Y_t metrische Elemente (wenn z.B. Y_{ti} beim Tobit im nichtzensierten Bereich $Y_{ti} > \tau_i$ liegt), so fällt das korrespondierende Integral fort und die Selektionswahrscheinlichkeit $P(Y_t|x_t, \vartheta)$ ist eine gemischt stetig-diskrete Dichte und Wahrscheinlichkeitsfunktion.

schätzbar ist (Nelson 1976; Maddala & L.F. Lee 1976)[4]. Zur Repräsentation der identifizierbaren Parameter der reduzierten Form wird folgende Notation verwendet[5]:

$$\Delta_\Sigma = \begin{pmatrix} I_r & 0 \\ 0 & D_\Sigma \end{pmatrix} \quad \text{mit} \tag{2.39}$$

$$D_\Sigma = \text{diag}\{d_{r+1}, \ldots, d_n\} \quad \text{und} \quad d_i > 0 \quad \text{für} \quad i = r+1, \ldots, n \tag{2.40}$$

$$D_i = d_i \cdot I_{K_i}, \quad D_\tau = \text{diag}\{D_{r+1}, \ldots, D_n\}, \tag{2.41}$$

$$\kappa = \sum_{i=1}^{r} K_i \quad \text{und} \quad \Delta_\tau = \begin{pmatrix} I_\kappa & 0 \\ 0 & D_\tau \end{pmatrix} \quad \text{sowie} \tag{2.42}$$

$$P(Y_i | \tau, \gamma, \Pi, \Sigma) \equiv P(Y | x, \vartheta) \tag{2.43}$$

Transformiert man in (2.38) die Dichte nach $\varphi(Y^* | \Delta_\Sigma(\gamma + \Pi x), \Delta_\Sigma \Sigma \Delta_\Sigma)$ und die Integrationsgrenzen nach $c^-(Y, \Delta_\tau \tau)$, so folgt:

$$P(Y | \tau, \gamma, \Pi, \Sigma) = P(Y | \Delta_\tau \tau, \Delta_\Sigma \gamma, \Delta_\Sigma \Pi, \Delta_\Sigma \Sigma \Delta_\Sigma) \tag{2.44}$$

Damit sind die beiden Strukturen

$$\{\tau, \gamma, \Pi, \Sigma\} \quad \text{und} \quad \{\Delta_\tau \tau, \Delta_\Sigma \gamma, \Delta_\Sigma \Pi, \Delta_\Sigma \Sigma \Delta_\Sigma\} \tag{2.45}$$

beobachtungsäquivalent (Rothenberger 1971, Definition 1'). Daher benötigt man eine Skalenrestriktion für die Hauptdiagonalelemente $(\sigma_{r+1}^2, \ldots, \sigma_n^2) \equiv (\sigma_{r+1,r+1}, \ldots, \sigma_{nn})$ von Σ, die durch $\sigma_i^2 = 1$ für $i = r+1, \ldots, n$ festgelegt wird (vgl. Muthén & Christoffersson 1981).

Weiterhin besteht bei ordinalen Variablen Y_i ($i = r+1, \ldots, n$) der Integrationsbereich des i-ten Integrals in (2.38) aus Intervallen der Form $c_i^-(Y_i, \tau) = [\tau_{i,k-1}, \tau_{i,k})$. Transformiert man die Dichte $\varphi(Y^* | \gamma + \Pi x, \Sigma)$ in (2.38) auf den Erwartungswert 0, so verschieben sich die Integrationsgrenzen zu $c_i^-(Y_i, \tau) = [\tau_{i,k-1} - \gamma_i - \Pi_{i.} x, \tau_{i,k} - \gamma_i - \Pi_{i.} x)$. Damit sind lediglich die Differenzen $\tau_{i,k} - \gamma_i - \Pi_{i.} x$ ($k = 1, \ldots, K_i$) identifizierbar. Daher wird eine Lageparameterrestriktion durch $\gamma_i = 0$ ($i = r+1, \ldots, n$) festgelegt, falls $\tau_{i,1} \neq 0$ ist (vgl. Maddala 1983).

---

[4]Ausnahmen findet man bei ordinalen Paneldatenmodellen (Arminger 1986).
[5]Die Matrizen D_Σ und D_τ stellen Transformationsmatrizen dar, die zur Streckung der Skala der endogenen latenten Variablen η_0 benötigt werden. Dabei wird in D_τ der zu einem Element η_{0i} von η_0 korrespondierende Skalierungsfaktor d_i mit der Anzahl der Schwellenwerte K_i dupliziert.

2.5.2 Stichprobe und Likelihood

Zur Spezifikation der Likelihoodfunktion wird folgende Unterscheidung zwischen Stichproben verwendet:

- *Fixe Regressoren*
  Die exogenen Variablen $\{x_t\}_{t=1,...,T}$ werden durch einen Stichprobendesign (z.B. ein Experiment) apriori festgelegt. Die Stichprobe von $\{Y_t\}_{t=1,...,T}$ basiert auf T unabhängigen Ziehungen aus der konditionalen Verteilung von Y bei gegebenen x-Werten. Damit erhält man als Likelihoodfunktion

$$\mathcal{L}_f(\vartheta) = \prod_{t=1}^{T} P(Y_t|x_t) \tag{2.46}$$

- *Stochastischer Regressorfall*
  Die exogenen Variablen $\{x_t\}_{t=1,...,T}$ stellen Realisationen von Zufallsvariablen dar, die durch die Stichprobe ermittelt werden und nicht apriori vorgegeben sind. Die Stichprobe $\{Y_t, x_t\}_{t=1,...,T}$ basiert auf T unabhängigen Ziehungen $\{Y, x\}$ aus der gemeinsamen Verteilung von Y und x. Die marginale Verteilung $p(x)$ wird modelltheoretisch nicht parametrisiert und ist somit unabhängig von ϑ. Damit erhält man als Likelihoodfunktion

$$\mathcal{L}_s(\vartheta) = \prod_{t=1}^{T} \{P(Y_t|x_t) \cdot p(x)\} = \prod_{t=1}^{T} P(Y_t|x_t) \prod_{t=1}^{T} p(x) \approx \mathcal{L}_f(\vartheta) \tag{2.47}$$

Damit stimmt der Kern $\mathcal{L}(\vartheta) \equiv \mathcal{L}_f(\vartheta)$ beider Likelihoodfunktionen überein, sodaß sich bei der numerischen Bestimmung der Schätzer kein Unterschied ergibt. Asymptotisch müssen beide Stichprobendesigns getrennt behandelt werden[6].

---

[6]In der ökonometrischen Lehrbuchliteratur (Schmidt 1976) wird der fixe Regressorfall bis auf wenige Ausnahmen (Manski & McFadden 1981a, White 1984) als Standard verwendet, obwohl ökonomische Daten selten durch Experimente erhoben werden.

Kapitel 3

Spezialfälle des allgemeinen Modells

In diesem Kapitel werden die wichtigsten Submodelle des hierarchischen Mittelwert- und Kovarianzstrukturmodells dargestellt. Die Identifizierbarkeit der Strukturparameter wird partiell behandelt, da hinreichende Identifikationsbedingungen für die meisten Submodelle nicht bekannt sind.

3.1 Mittelwertstrukturmodelle

3.1.1 Exogene simultane ökonometrische Gleichungssysteme mit zensierten und binären endogenen Variablen

Exogene simultane Gleichungssysteme (L.F. Lee 1981) werden durch eine Hierarchieebene

$$B_1 \eta_0 = \mu_1 + \Gamma_1 x_1 + \epsilon_1 \tag{3.1}$$

generiert. In der Standardform (Schmidt 1976) wird die metrische Meßrelation $Y^* = \eta_0$ verwendet. Das rekursive Modell ist ein Spezialfall mit B_1 als untere Dreiecksmatrix (Kmenta 1971). Wird Ω_1 zusätzlich als Diagonalmatrix spezifiziert, so liegt die Pfadanalyse vor (Duncan 1966). Mit $B_1 = I_n$ erhält man die multivariate Regression (Mardia, Kent & Bibby 1979). Verknüpft man (3.1) mit metrischen (2.3) und binären Meßrelationen (2.7 mit $K_i = 1$ und $\tau_i = 0$), so erhält man das Hybridmodell von Heckman (1976, 1978) ohne strukturellen Shift (Modell 3 bei Maddala und Lee 1976). Durch zusätzliche Setzung von $B_1 = I_n$ erhält man das multivariate Probitmodell von Ashford und Sowden (1970). Ersetzt man die binären Probitrelationen (2.7) durch Identitäts- und Tobitrelationen (2.3 und 2.6), so erhält man das simultane Tobit-OLS-Modell von Nelson und Olsen (1978). Zur Identifikation des Modells (3.1) können die gewöhnlichen Rang- und Abzählbedingungen der metrischen simultanen Gleichungssysteme (Schmidt 1976) in Verbindung mit einer Varianznormierung $\sigma_i^2 = 1$ für ordinale Meßrelationen $Y_i = c_i(Y_i^*, \tau)$ verwendet werden (Maddala & Lee 1976). Varianzanalytische Effekte (Bock 1975) können durch eine Auflösung exogener Variablen in Dummies in Verbindung mit den üblichen Reparametrisierungsrestriktionen modelliert werden.

3.1.2 Potthoff-Roy's multivariate Varianzanalyse

Die verallgemeinerte Regressionsgleichung der multivariaten Varianzanalyse von Potthoff und Roy (1964) lautet

$$\eta_0 = M_1 M_2 x + \epsilon \tag{3.2}$$

Dabei ist M_1 im Gegensatz zu M_2 keine freie Parametermatrix, sondern eine Designmatrix. M_1 kann daher als Parametermatrix mit apriori bekannten Koeffizienten interpretiert werden. Ω ist die Kovarianzmatrix des Fehlerterms ϵ. Dieses Modell wird bei der simultanen Gruppenanalyse ($g = 1, \ldots, G$) von polynomialen Wachstumskurven

$$Y_i^{(g)} = \eta_{i0}^{(g)} = \xi_0^{(g)} + \xi_1^{(g)} z_i + \xi_2^{(g)} z_i^2 + \cdots + \xi_{\ell-1}^{(g)} z_i^{\ell-1} + \epsilon_i \tag{3.3}$$

verwendet, bei der die Ausprägung einer metrischen Variablen $Y_i^{(g)} = \eta_{i0}^{(g)}$ an n Zeitpunkten $\{z_i\}_{i=1,\ldots,n}$ gemessen werden. Gleichung (3.3) ist somit ein Polynom in z_i mit gruppenspezifischen Polynomialkoeffizienten $\xi_j^{(g)}$. Dieses Modell läßt sich in der Repräsentation (3.2) durch

$$x_{tg} = \left\{ \begin{array}{l} 1 \quad \text{falls Fall } t \text{ in Gruppe } g \\ 0 \quad \text{sonst} \end{array} \right\} \quad \text{mit} \tag{3.4}$$

$$x_t = (x_{t1}, x_{t2}, \ldots, x_{tG})^T \sim G \times 1, \tag{3.5}$$

$$\epsilon_t = (\epsilon_{t1}, \epsilon_{t2}, \ldots, \epsilon_{tn})^T \sim n \times 1, \tag{3.6}$$

$$M_1 = \begin{pmatrix} 1 & z_1^1 & \cdots & z_1^{\ell-1} \\ \vdots & \vdots & & \vdots \\ 1 & z_n^1 & \cdots & z_n^{\ell-1} \end{pmatrix} \sim n \times \ell \tag{3.7}$$

und

$$M_2 = \begin{pmatrix} \xi_0^{(1)} & \cdots & \xi_0^{(G)} \\ \vdots & & \vdots \\ \xi_{\ell-1}^{(1)} & \cdots & \xi_{\ell-1}^{(G)} \end{pmatrix} \sim \ell \times G \tag{3.8}$$

darstellen. In der Repräsentation (2.34-2.36) erhält man: $\Pi = M_1 M_2$ und $\Sigma = \Omega$. Alternativ läßt sich Modell (3.2) durch

$$\eta_0 = M_1 \eta_1 \quad \text{und} \quad \eta_1 = M_2 x_2 + \epsilon_2 \tag{3.9}$$

als zweistufiges Hierarchiebenensystem darstellen. In der Repräsentation (2.8) erhält man somit $\Lambda_1 = M_1$, $\Omega_1 = 0$ und $\Gamma_2 = M_2$.

3.2 Kovarianzstrukturmodelle

3.2.1 Faktorenanalyse erster Ordnung

Das klassische Anwendungsgebiet der Faktorenanalyse erster Ordnung (Lawley & Maxwell 1971)

$$\eta_0 = \mu_1 + \Lambda_1 \eta_1 + \epsilon_1 \tag{3.10}$$

ist die Operationalisierung von n_1 theoretischen Konstrukten (Faktoren) η_1 durch n Meßinstrumente η_0 (Testitems). Die Koeffizienten in Λ_1 stellen die Faktorladungen dar, während ϵ_1 der Vektor der spezifischen Faktoren ist (Arminger 1979). Die metrische Faktorenanalyse erhält man durch die Identitätrelation $Y = \eta_0$. Testtheoretische Spezialfälle sind Congeneric-Tests mit den Sonderfällen der τ-äquivalenten Tests und der Paralleltests (Lord & Novick 1968; Jöreskog 1970, 1973b, 1978b, 1981).

Das Modell der Faktorenanalyse ist ohne zusätzliche Bedingungen nicht identifiziert (Anderson & Rubin 1956), da die Kovarianzstruktur durch eine reguläre Transformation C der Faktorladungsmatrizen $\Lambda_1 \to \Lambda_1 C$ und der gemeinsamen Faktoren $\eta_1 \to C^{-1}\eta_1$ nicht verändert wird. Daher benötigt man bei der explorativen (Arminger 1984) und bei der konfirmatorischen Faktorenanalyse (Jöreskog 1969) zusätzliche Identifikationsrestriktionen (Reiersøl 1950, Anderson & Rubin 1956, Lawley & Maxwell 1971, Dunn 1973, Bollen & Jöreskog 1985).

Häufig wird postuliert, daß die Zusammenhangsstruktur zwischen den Komponenten von η_0 ausschließlich durch die gemeinsamen Faktoren in η_1 generiert wird. Diese Annahme korrespondiert zu einer diagonalen Kovarianzmatrix Ω_1 der spezifischen Faktoren und wird als konditionales (lokales) Unabhängigkeitsaxiom in der Latent Trait und Latent Class Literatur (Bartholomew 1980, 1983, 1984; Andersen 1982) bezeichnet[1].

Nichtdiagonale Kovarianzmatrizen Ω_1 treten bei longitudinalen Faktorenanalysen (Corballis & Traub 1970, Corballis 1973, Everitt 1984) auf. Der einfachste Spezialfall ist

---
[1]Die konditionale Unabhängigkeitsannahme in Gleichung (2.28) bezieht sich auf die Unabhängigkeit der Fehlervektoren ϵ_h zwischen den einzelnen Hierarchieebenen. Die konditionale Unabhängigkeitsannahme von faktorenanalytischen Modellen bezieht sich hingegen auf die Unabhängigkeit der einzelnen Komponenten ϵ_{ih} des Vektors ϵ_h innerhalb einer Hierarchieebene.

$$\eta_0 = \begin{pmatrix} \eta_0^{(1)} \\ \eta_0^{(2)} \end{pmatrix} = \begin{pmatrix} \Lambda_1^{(1)} & 0 \\ 0 & \Lambda_1^{(2)} \end{pmatrix} \cdot \begin{pmatrix} \eta_1^{(1)} \\ \eta_1^{(2)} \end{pmatrix} + \begin{pmatrix} \epsilon_1^{(1)} \\ \epsilon_1^{(2)} \end{pmatrix} \qquad (3.11)$$

mit $\eta_h^{(i)} \sim [n_h/2] \times 1$ und $E(\epsilon_1^{(i)} \epsilon_1^{(j)T})$ als Diagonalmatrix $(i,j = 1,2;\ h = 0,1)$. Grundlage dieses Modells ist die Messung einer Testbatterie $\eta_0^{(i)}$ mit $n/2$ inhaltlich identischen Testitems an zwei Zeitpunkten $i = 1,2$, wobei n und n_h $(h = 0,1)$ bei zwei Zeitpunkten immer gerade Zahlen sind. Dabei wird häufig angenommen, daß die spezifischen Faktoren $(\epsilon_{1l}^{(1)}, \epsilon_{1l}^{(2)})$ eines Indikators $(\eta_{0l}^{(1)}, \eta_{0l}^{(2)})$ für $l = 1, \ldots, n/2$ paarweise miteinander korreliert sind. Mit diesem Modell kann z.B. die Zeitinvarianz von Lerneffekten $V(\eta_0^{(1)}) = V(\eta_0^{(2)})$ und Meßeffekten $\Lambda_1^{(1)} = \Lambda_1^{(2)}$ getestet werden.

Bei der dichotomen Faktorenanalyse (Bock & Lieberman 1970; Christoffersson 1975; Muthén 1978) wird die latente Variable $Y^* = \eta_0$ des Modells (3.10) über n binäre Meßrelationen (2.7 mit $K_i = 1$) mit der beobachtbaren Variablen Y verknüpft. Ω_1 wird als Diagonalmatrix spezifiziert. Da lediglich die Korrelationen zwischen den Komponenten der latenten Variablen Y^* identifizierbar sind (Abschnitt 2.5.1), ist Ω_1 durch die implizite Restriktion

$$I_n = \mathrm{diag}(\Lambda_1 \Omega_2 \Lambda_1^T + \Omega_1) = \mathrm{diag}(\Lambda_1 \Omega_2 \Lambda_1^T) + \Omega_1 \qquad (3.12)$$

festgelegt. Daher ist Ω_1 kein freier Parameter, so daß diese Restriktion bei der Schätzung berücksichtigt werden muß.

3.2.2 Faktorenanalyse zweiter Ordnung

Das Modell der Faktorenanalyse zweiter Ordnung (Thurstone 1947) besteht aus den beiden Hierarchieebenen

$$\eta_0 = \Lambda_1 \eta_1 + \epsilon_1 \quad \text{und} \quad \eta_1 = \Lambda_2 \eta_2 + \epsilon_2 \qquad (3.13)$$

Λ_1 und Λ_2 stellen dabei Faktorladungsmatrizen mit $n_0 \gg n_1 \gg n_2$ dar. Dieses Modell wird verwendet, wenn einige Faktoren erster Ordnung η_1 (z.B. spezifische Intelligenzkonstrukte) durch ein faktorenanalytisches Modell zweiter Ordnung auf einen allgemeinen Faktor höherer Ordnung η_2 (z.B. allgemeine Intelligenz) zurückgeführt werden (Weeks 1980). Formal läßt sich das parallele Testlängenmodell von Kristof (1971) als Spezialfall der Faktorenanalyse zweiter Ordnung darstellen (Jöreskog 1970, 1978b).

3.2.3 Varianzkomponentenanalyse

Varianz- und Kovarianzkomponentenmodelle (Bock & Bargmann 1966; Wiley, Schmidt & Bramble 1973; Jöreskog 1970, 1973b, 1978b, 1981) lassen sich analog zur Faktorenanalyse zweiter Ordnung durch die Strukturgleichungen

$$Y = Y^* = \eta_0 = \Lambda_1\eta_1 + \epsilon_1 \quad \text{und} \quad \eta_1 = \Lambda_2\eta_2 + \epsilon_2 \tag{3.14}$$

mit Λ_1 als diagonaler Skalierungsmatrix und Λ_2 als apriori bekannter Designmatrix spezifizieren. Die Standardversion des Varianzkomponentenmodells wird durch

$$Y = Y^* = \eta_0 = \eta_1 = \Lambda_2\eta_2 + \epsilon_2 \tag{3.15}$$

mit $V(\eta_2) = \Omega_3$ als Diagonalmatrix und $V(\epsilon_2) = \Omega_2 = \omega^2 I_n$ spezifiziert. Die Designmatrix Λ_2 wird analog zur Varianzanalyse (Bock 1975; McCullagh & Nelder 1983) durch Dummy Variablen kodiert.

Anwendungen findet dieses Modell bei Experimenten, bei denen pro Fall n verschiedene Experimentalsituationen durch einen faktoriellen Versuchsdesign mit n_2 Faktoren generiert werden. Ziel der Analyse ist die Zerlegung der Varianz der endogenen Variablen Y_i der Experimentalsituation $i = 1, \ldots, n$ in n_2 Varianzkomponenten $(\Omega_3)_{jj}$:

$$V(Y_i) = \sigma_i^2 = \left(\sum_{j=1}^{n_2} (\Lambda_2)_{ij}^2 (\Omega_3)_{jj}\right) + \omega^2 \tag{3.16}$$

Durch die Größenordnung der Diagonalelemente von Ω_3 kann festgestellt werden, welche Faktoren den größten Einfluß auf die Variabilität der endogenen Variablen haben.

Bei der Messung der Variablen Y_i in unterschiedlichen Maßeinheiten wird eine Skalierungsmatrix $\Lambda_1 \neq I_n$ verwendet. Durch eine nichtdiagonale Varianzkomponentenmatrix Ω_3 können korrelierte Varianzkomponenten berücksichtigt werden.

Identifikationsprobleme entstehen durch nichtnormierte Skalierungsmatrizen und Designmatrizen mit Rangabfall. Daher wird die Designmatrix Λ_2 durch zentrierte Effekte (Bock 1972) oder Eckpunkteffekte (Arminger 1982) auf vollen Spaltenrang reduziert. Die Skalierungsmatrix Λ_1 muß durch eine Skalenrestriktion (etwa $(\Lambda_1)_{11} = 1$) normiert werden.

3.2.4 Cattell's proportionale Profile

Ein typisches Anwendungsgebiet der parallelen proportionalen Profile von Cattell (1944) ist die wiederholte Messung von I Testitems $z_s = (z_{1s}, \ldots, z_{Is})^T$ unter S verschiedenen Situationen $s = 1, \ldots, S$. Für jede Situation wird ein faktorenanalytisches Submodell

$$z_s = L \cdot f_s + u_s \tag{3.17}$$

mit einer situationsinvarianten Faktorladungsmatrix $L \sim I \times Q$ und S situationsspezifischen Faktoren $f_s = (f_1, \ldots, f_Q)_s^T \sim Q \times 1$ formuliert. Die situationsspezifischen Faktoren werden deterministisch auf einen allgemeinen Faktor $g = (g_1, \ldots, g_Q)^T \sim Q \times 1$ durch die parallele proportionale Faktorstruktur

$$f_{sq} = P_{sq} \cdot g_q \quad \text{für} \quad s = 1,\ldots,S \quad \text{und} \quad q = 1,\ldots,Q \tag{3.18}$$

zurückgeführt. Somit werden die einzelnen Testitems in z_s für alle Situationen auf die gleichen Faktorkomponenten g_q zurückgeführt, wobei situations- und faktorspezifische Variationen durch unterschiedliche Strukturkoeffizienten P_{sq} zugelassen sind. Matrixformulierung von (3.17–3.18) ergibt[2]:

$$\eta_0 = (I_s \otimes L) \cdot f + \epsilon_1 \quad \text{und} \quad f = (P \odot I_Q) \cdot g \quad \text{mit} \tag{3.19}$$

$$Y = Y^* = \eta_0 = \left(z_1^T, \ldots, z_S^T\right)^T, \tag{3.20}$$

$$\epsilon_1 = \left(u_1^T, \ldots, u_S^T\right)^T, \tag{3.21}$$

$$\eta_1 = g = (g_1, \ldots, g_Q)^T . \tag{3.22}$$

Zusammenfassen ergibt:

$$Y = Y^* = \eta_0 = (I_S \otimes L) \cdot (P \odot I_Q) \cdot \eta_1 + \epsilon_1 \tag{3.23}$$

Damit lassen sich Cattel's proportionale Profile durch folgende Matrizen in das hierarchische Modell (2.34–2.36) einbetten:

$$\Sigma = N_1 N_2 \Omega N_2^T N_1^T \quad \text{mit} \tag{3.24}$$

$$N_1 = (I_{S \cdot I}, I_S \otimes L), \tag{3.25}$$

$$N_2 = \begin{pmatrix} I_{S \cdot I} & 0 \\ 0 & P \odot I_Q \end{pmatrix} \quad \text{und} \tag{3.26}$$

$$\Omega = V \begin{pmatrix} \epsilon_1 \\ \eta_1 \end{pmatrix} = \begin{pmatrix} \Omega_1 & 0 \\ 0 & \Omega_2 \end{pmatrix} . \tag{3.27}$$

Sind die spezifischen Faktoren von inhaltlich identischen Testitems zwischen den verschiedenen Situationen korreliert, so wird Ω_1 als Blockmatrix von Diagonalmatrizen durch

---

[2] Das Kroneckerprodukt $\otimes$ ist durch $A \otimes B = (A_{ij}B)$ definiert. Das Khatri-Rao Produkt $\odot$ ist durch $A \odot B = (A_{\cdot 1} \otimes B_{\cdot 1}, \ldots, A_{\cdot n} \otimes B_{\cdot n})$ definiert (Rao 1973, 1b.8).

$$\Omega_1 = V(\epsilon_1) = \left([\text{diag}\Omega_{sv}]_{s,v=1,\ldots,S}\right) \quad \text{mit} \quad \Omega_{sv} = E\left(u_s u_v^T\right) \qquad (3.28)$$

festgelegt (McDonald 1980).

Identifikationbedingungen sind für dieses Modell nicht bekannt. Vermutlich benötigt man zusätzlich zur Restringierung der Faktorladungsmatrix L und der Kovarianzmatrix der Faktoren Ω_2 (z.B. $L^T = (I, \Lambda^T)$ und $\text{diag}(\Omega_2) = I$) eine Normierungsrestriktion der Faktoreinflußstärken P. Normierung der Faktorladungsmatrix L auf $s = 1$ ergibt $P_{1\cdot} = 1 \sim 1 \times Q$.

3.2.5 Three-Mode-Faktorenanalyse

Ein Anwendungsgebiet der Three-Mode Faktorenanalyse von Tucker (1966) in der randomisierten Version von Bloxom (1968), Bentler und Lee (1979) ist die Messung von I Testitems $z_r = (z_{1r}, \ldots, z_{Ir})^T$ mit R verschiedenen Methoden $r = 1, \ldots, R$. Zunächst wird jede methodenspezifische Messung z_r durch ein faktorenanalytisches Submodell

$$z_r = L \cdot g_r + u_r \qquad (3.29)$$

mit einer methodeninvarianten Itemfaktorladungsmatrix $L \sim I \times J$ auf einen methodenspezifischen Itemfaktor $g_r = (g_{1r}, \ldots, g_{Jr})^T \sim J \times 1$ mit $I > J$ zurückgeführt. Somit repräsentiert g_r die gemeinsamen Faktoren der I Items innerhalb der Methode r. Der Vektor $u_r = (u_{1r}, \ldots, u_{Ir})^T$ repräsentiert die spezifischen Faktoren. Weiterhin wird angenommen, daß sich die R methodenspezifischen Itemfaktoren g_r durch ein additives Modell

$$g_r = \sum_{s=1}^{S} M_{rs} \cdot f_s \qquad (3.30)$$

mit einer iteminvarianten Methodenfaktorladungsmatrix $M \sim R \times S$ auf S Methodenfaktoren $f_s = (f_{1s}, \ldots, f_{Js})^T \sim J \times 1$ mit $R > S$ zurückführen lassen. Die Komponenten f_{js} repräsentieren eine Kombination von Item- und Methodenfaktoren. Somit stellen die methodenspezifischen Itemfaktoren eine Linearkombination von methodenfaktorspezifischen Itemfaktoren dar. Zusammenfassen von (3.29–3.30) ergibt

$$z = (M \otimes L) \cdot f + u \qquad (3.31)$$

mit

$$z = (z_1^T, \ldots, z_R^T)^T, \quad u = (u_1^T, \ldots, u_R^T)^T \equiv \epsilon_1 \quad \text{und} \quad f = (f_1^T, \ldots, f_S^T)^T. \qquad (3.32)$$

In einer dritten Stufe wird der kombinierte Methoden- und Itemfaktor f durch ein deterministisches faktorenanalytisches Modell

$$f = P \cdot \eta_1 \qquad (3.33)$$

auf einen personenspezifischen Faktor $\eta_1 \sim Q \times 1$ zurückgeführt. Zusammenfassen ergibt:

$$Y = Y^* = \eta_0 = z = (M \otimes L) \cdot P \cdot \eta_1 + \epsilon_1 \qquad (3.34)$$

Anwendung der Kroneckerproduktregel $(A \otimes B) = (A \otimes I)(I \otimes B)$ aus Rao (1973), 1.b.8(i)(e), S.29 ergibt die Einbettung der Three-Mode Faktorenanalyse in das hierarchische Modell (2.34–2.36):

$$\Sigma = N_1 N_2 N_3 \Omega N_3^T N_2^T N_1^T \quad \text{mit} \qquad (3.35)$$

$$N_1 = (I_{R \cdot I}, M \otimes I_I), \qquad (3.36)$$

$$N_2 = \begin{pmatrix} I_{R \cdot I} & 0 \\ 0 & I_S \otimes L \end{pmatrix}, \qquad (3.37)$$

$$N_3 = \begin{pmatrix} I_{R \cdot I} & 0 \\ 0 & P \end{pmatrix} \quad \text{und} \qquad (3.38)$$

$$\Omega = \begin{pmatrix} \Omega_1 & 0 \\ 0 & \Omega_2 \end{pmatrix}. \qquad (3.39)$$

Die Kovarianzmatrix der spezifischen Faktoren wird entweder direkt als Diagonalmatrix oder analog zu (3.28) als Blockdiagonalmatrix von Diagonalmatrizen festgelegt.

Hinreichende und notwendige Identifikationsbedingungen sind für dieses Modell nicht bekannt. Häufig werden die Kovarianzmatrizen Ω_1 und Ω_2 als Diagonalmatrizen restringiert, während die Faktorladungsmatrizen M und L durch $M = (I, \Lambda_1^T)^T$ und $L = (I, \Lambda_2^T)^T$ auf R Methoden und auf J Items normiert werden. Außerdem wird die Faktorladungsmatrix P durch Ausschlußrestriktionen identifiziert.

Der Spezialfall der Three-Mode Faktorenanalyse mit $P = I$ und $\Omega_2 = I$ wird bei Bentler und Lee (1978a) behandelt.

3.2.6 Multitrait-Multimethod Faktorenanalyse

Bei der Multitrait-Multimethod Faktorenanalyse (Jöreskog 1973b) werden I Testitems $z_r = (z_{1r}, \ldots, z_{Ir})^T$, die mit R verschiedenen Methoden $r = 1, \ldots, R$ gemessen wurden, durch ein gewöhnliches faktorenanalytisches Modell

$$Y = Y^* = \eta_0 = z = \Lambda_1 \cdot \eta_1 + \epsilon_1 \quad \text{mit} \tag{3.40}$$

$$z = (z_1^T, \ldots, z_R^T)^T, \quad \eta_1 = (f^T, g_1, \ldots, g_R)^T \quad \text{und} \tag{3.41}$$

$$\Lambda_1 = \begin{pmatrix} L_1 & M_1 & 0 & \cdots & 0 \\ L_2 & 0 & M_2 & \cdots & 0 \\ \vdots & \vdots & \vdots & \ddots & \vdots \\ L_R & 0 & 0 & \cdots & M_R \end{pmatrix} \tag{3.42}$$

mit $L_r \sim I \times Q$ und $M_r \sim I \times 1$ modelliert. Damit werden die Itemvektoren z_r der verschiedenen Methoden durch methodenspezifische Faktorladungsmatrizen L_r auf einen methodeninvarianten Personenfaktor $f = (f_1, \ldots, f_Q)^T$ zurückgeführt, wobei die Messung durch einen methodenspezifischen eindimensionalen Faktor g_r additiv überlagert wird.

3.2.7 Endogene simultane Gleichungssysteme (Kausalmodelle)

Dieses Kausalmodell (Jöreskog 1973a) läßt sich durch eine einstufige Hierarchiebenenstruktur

$$B_1 \eta_0 = \epsilon_1 \quad \text{mit} \quad B_1 = \begin{pmatrix} C & -D \\ 0 & I \end{pmatrix}, \tag{3.43}$$

$$Y = Y^* = \eta_0 = \begin{pmatrix} z_1 \\ z_2 \end{pmatrix}, \tag{3.44}$$

$$\epsilon_1 = \begin{pmatrix} u_1 \\ u_2 \end{pmatrix} \tag{3.45}$$

und

$$\Omega = V(\epsilon_1) = V\begin{pmatrix} u_1 \\ u_2 \end{pmatrix} = V\begin{pmatrix} u_1 \\ z_2 \end{pmatrix} = \text{diag}\{\Omega_1, \Omega_2\} \tag{3.46}$$

darstellen. Diese Struktur enthält das Subsystem

$$Cz_1 = Dz_2 + u_1 \,, \tag{3.47}$$

das algebraisch mit der Struktur des exogenen simultanen Gleichungssystems (3.1) übereinstimmt. Daher werden beide Modelle zur Analyse von linearen Kausalzusammenhängen zwischen den Komponenten von η_0 verwendet. Exogene Simultanmodelle setzen im Gegensatz zu endogenen Simultanmodellen keine normalverteilten Regressoren voraus, so daß die Schätzung eines exogenen Simultangleichungssystems bei Vorliegen von Meßrelationen und nichtnormalverteilten Regressoren vermutlich zu robusteren Schätzern führt. Allerdings stimmen die Maximum-Likelihood Schätzer der Strukturparameter $\{C, D\}$ bzw. $\{B_1, (\mu_1, \Gamma_1)\}$ beider Modelle wegen

$$z_1|z_2 \sim \mathcal{N}(C^{-1}Dz_2, C^{-1}\Omega_1 C^{-1^T}) \quad \text{und} \quad z_2 \sim \mathcal{N}(0, \Omega_2) \tag{3.48}$$

genau dann überein, wenn die Identitätsrelation $Y = \eta_0$ verwendet wird und keine Restriktionen zwischen $\{C, D, \Omega_1\}$ einerseits und Ω_2 andererseits vorliegen.

Die uni- und multivariate Regression mit endogenen normalverteilten Regressoren erhält man als Spezialfall durch $C = I$ (Bentler & Lee 1983).

3.2.8 Simplexmodelle

Ein typisches Anwendungsgebiet für Simplexmodelle (Guttman 1954, Schönemann 1970, Jöreskog 1981) ist die Messung eines Testitems $z_i \sim 1 \times 1$ an n verschiedenen Zeitpunkten $i = 1, \ldots, n$. Unterstellt man eine mit zunehmendem Zeitabstand abnehmende Korrelation zwischen den Testitems, so läßt sich der Datengenerierungsprozeß häufig durch einen Markoff-Prozeß erster Ordnung modellieren:

$$z_i = \xi_i + u_i, \quad \xi_i = \beta_i \xi_{i-1} + v_i, \tag{3.49}$$

$$|\beta_i| < 1, i = 1, \ldots, n \quad \text{mit} \quad \beta_1 = 0, \tag{3.50}$$

$$\epsilon_1 = u = (u_1, \ldots, u_n)^T,$$

$$\epsilon_2 = v = (v_1, \ldots, v_n)^T,$$

$$\xi = (\xi_1, \ldots, \xi_n)^T,$$

$$E(u \cdot v^T) = 0,$$

$$E(\xi \cdot u^T) = 0 \quad \text{und den Diagonalmatrizen}$$

$$\Omega_j = V(\epsilon_j) \quad \text{für} \quad j = 1, 2.$$

Unter der Parametrisierung

$$B_2 = \begin{pmatrix} 1 & 0 & \cdots & 0 & 0 \\ -\beta_2 & 1 & \cdots & 0 & 0 \\ 0 & -\beta_3 & \ddots & \vdots & \vdots \\ \vdots & \vdots & \ddots & 1 & 0 \\ 0 & 0 & \cdots & -\beta_n & 1 \end{pmatrix} \qquad (3.51)$$

$$Y = Y^* = z = \eta_0 = (z_1, \ldots, z_n)^T \quad \text{und} \quad \eta_1 = \xi = (\xi_1, \ldots, \xi_n)^T \qquad (3.52)$$

läßt sich das Simplexmodell durch

$$\eta_0 = \eta_1 + \epsilon_1 \quad \text{und} \quad B_2 \eta_1 = \epsilon_2 \qquad (3.53)$$

in das hierarchische Modell (2.8) einbetten.

Das Simplexmodell impliziert eine Kovarianzstruktur, deren Korrelationen durch linear wachsende Indexdifferenzen $|i - j|$ für $i, j = 1, \ldots, n$ geordnet sind. Daher wird das Simplexmodell auch zur Modellierung von Zusammenhangsstrukturen zwischen inhaltlich verschiedenen, aber ähnlichen Testitems z_i verwendet, sofern eine Ähnlichkeitsordnung zwischen den Items aufgestellt werden kann (Guttman 1957). Zirkuläre Ähnlichkeiten zwischen Items können durch Circumplex- und Quasicircumplexmodelle (Guttman 1957) abgebildet werden.

3.2.9 Das LISREL-Modell

Das von Jöreskog (1973a, 1977) und Keesling und Wiley (Wiley 1973) formulierte LISREL Modell basiert auf der Verknüpfung eines simultanen Gleichungssystems

$$C\xi_1 = D\xi_2 + v_1 \qquad (3.54)$$

mit zwei faktorenanalytischen Meßmodellen

$$z_1 = L_1 \xi_1 + u_1 \quad \text{und} \quad z_2 = L_2 \xi_2 + u_2 \qquad (3.55)$$

unter den Annahmen $E(u_i v_1^T) = 0, E(u_i \xi_j^T) = 0, E(v_1 \xi_2^T) = 0$ und $E(u_1 u_2^T) = 0$ für $i, j = 1, 2$. Der Vektor ξ_1 (bzw. ξ_2) ist eine latente, endogene abhängige (bzw. unabhängige) Variable, die indirekt über ein faktorenanalytisches Meßmodell (3.55) durch die manifeste endogene Variable z_1 (bzw. z_2) gemessen wird. Die latenten Variablen ξ_1 und ξ_2 werden durch ein endogenes lineares Kausalmodell (3.54) miteinander verknüpft.

Dieses Modell läßt sich formal durch die beiden Gleichungen

$$Y = \eta_0 = \Lambda_1 \eta_1 + \epsilon_1 \quad \text{und} \quad B_2 \eta_1 = \epsilon_2 \quad \text{mit} \tag{3.56}$$

$$Y = Y^* = \eta_0 = (z_1^T, z_2^T)^T, \tag{3.57}$$

$$\eta_1 = (\xi_1^T, \xi_2^T)^T, \quad \epsilon_1 = (u_1^T, u_2^T)^T, \quad \epsilon_2 = (v_1^T, v_2^T)^T = (v_1^T, \xi_2^T)^T, \tag{3.58}$$

$$\Omega_1 = \text{diag}\{V(u_1), V(u_2)\}, \quad \Omega_2 = V(\epsilon_2), \tag{3.59}$$

$$\Lambda_1 = \begin{pmatrix} L_1 & 0 \\ 0 & L_2 \end{pmatrix}, \tag{3.60}$$

$$B_2 = \begin{pmatrix} C & -D \\ 0 & I \end{pmatrix} \quad \text{und} \tag{3.61}$$

$$\Omega = \text{diag}\{\Omega_1, \Omega_2\} \tag{3.62}$$

in das hierarchische Modell (2.8) einbetten. In der multiplikativen Schreibweise (2.36) erhält man das LISREL Modell durch die Parametrisierung

$$N_1 = (I, \Lambda_1), \quad N_2 = \begin{pmatrix} I & 0 \\ 0 & B_2 \end{pmatrix}^{-1} \quad \text{und} \quad \Omega = \text{diag}\{\Omega_1, \Omega_2\}. \tag{3.63}$$

Das LISREL Modell enthält neben der Faktorenanalyse und dem endogen simultanen Gleichungssystem auch das Simplexmodell, die Varianzkomponentenanalyse, die Faktorenanalyse zweiter Ordnung sowie das ACOVS Modell ohne Mittelwertparameter als Spezialfälle (Jöreskog 1973b, 1977, 1981).

Allgemeine Identifikationsbedingungen für das LISREL Modell sind nicht bekannt. Daher müssen spezifische Submodelle in der Regel algebraisch identifiziert werden. Identifikationsbedingungen für pfadanalytische Strukturgleichungsmodelle mit einfaktoriellen Indikatorsubmodellen findet man in Dupačová und Wold (1982).

3.2.10 McDonald's allgemeines Kovarianzstrukturmodell (COSAN)

Läßt man im allgemeinen Mittelwert- und Kovarianzstrukturmodell (2.34-2.36) die Parametrisierung der Mittelwert- und Trendparameter (2.34-2.35) fort, so erhält man das COSAN Modell von McDonald (1978, 1980):

$$\Sigma(\vartheta) = \left(\prod_{k=1}^{K} N_k\right) \Omega \left(\prod_{k=1}^{K} N_k\right)^T \tag{3.64}$$

Diese multiplikativ zusammengesetzte Kovarianzmatrix läßt sich völlig analog zur Konstruktion des allgemeinen Modells durch eine sukzessive Verschachtelung von Hierarchieebenen ohne exogene Variablen

$$B_{h+1}\eta_h = \Lambda_{h+1}\eta_{h+1} + \epsilon_{h+1} \tag{3.65}$$

generieren. Damit lassen sich alle Kovarianzstrukturmodelle dieses Unterkapitels direkt in dieses Modell einbetten.

3.3 Gemischte Mittelwert- und Kovarianzstrukturmodelle

3.3.1 Jöreskog's ACOVS Modell

Konzeptionell basiert die Mittelwert- und Kovarianzstruktur des ACOVS Modells von Jöreskog (1970, 1973b, 1978b, 1981)

$$\Pi = M_1 M_2 x \quad \text{und} \quad \Sigma = \Lambda_1 \left(\Lambda_2 \Omega_3 \Lambda_2^T + \Omega_2 \right) \Lambda_1^T + \Omega_1 \tag{3.66}$$

auf einer Verknüpfung der Faktorenanalyse zweiter Ordnung mit einer multivariaten Varianzanalyse in der Parametrisierung von Potthoff und Roy (1964). Dieses Modell läßt sich durch die beiden modifizierten Hierarchiebenenstrukturen

$$Y = Y^* = \eta_0 = \Lambda_1 \eta_1 + M_1 M_2 x_1 + \epsilon_1 \quad \text{und} \quad \eta_1 = \Lambda_2 \eta_2 + \epsilon_2 \tag{3.67}$$

mit $E(\epsilon_1 \cdot \epsilon_2^T) = 0, E(\epsilon_i \cdot \eta_2^T) = 0, \Omega_i = V(\epsilon_i)$ für $i = 1, 2$ und $\Omega_3 = V(\eta_2)$ generieren und durch die multiplikative Parametrisierung

$$\Pi(\vartheta) = M_1 M_2 \quad \text{und} \quad \Sigma(\vartheta) = N_1 N_2 \Omega N_2^T N_2^T \quad \text{mit} \tag{3.68}$$

$$N_1 = (I, \Lambda_1), \quad N_2 = \begin{pmatrix} I & 0 & 0 \\ 0 & I & \Lambda_2 \end{pmatrix} \quad \text{und} \quad \Omega = \text{diag}\{\Omega_1, \Omega_2, \Omega_3\} \tag{3.69}$$

in das hierarchische Modell (2.35–2.36) einbetten. Damit enthält dieses Modell natürlich auch die zur Faktorenanalyse zweiter Ordnung strukturäquivalente Varianzkomponentenanalyse (Wiley, Schmidt & Bramble 1973). Weitere Spezialfälle sind Simplex- und Circumplexmodelle (Jöreskog 1973b), die sich jedoch einfacher über (3.51–3.53) in das hierarchische Modell einbetten lassen.

3.3.2 Muthén's verallgemeinertes LISREL Modell

Das verallgemeinerte LISREL Modell von Muthén (1979, 1983, 1984) läßt sich durch die beiden Gleichungen

$$\eta_0 = \mu_1 + \Lambda_1\eta_1 + \epsilon_1 \quad \text{und} \quad B_2\eta_1 = \mu_2 + \Gamma_2 x_2 + \epsilon_2 \tag{3.70}$$

generieren. Damit unterscheidet sich diese Hierarchieebenenstruktur gegenüber LISREL durch zusätzliche Mittelwerte (μ_1, μ_2) und durch zusätzliche exogene Variablen x_2. Dieses Modell läßt sich durch

$$\gamma(\vartheta) = L_1 L_2 L_3, \quad \Pi(\vartheta) = M_1 M_2 M_3 \quad \text{und} \quad \Sigma(\vartheta) = L_1 L_2 \Omega L_2^T L_1^T \tag{3.71}$$

mit

$$L_1 = (I, \Lambda_1), \quad L_2 = \begin{pmatrix} I & 0 \\ 0 & B_2 \end{pmatrix}^{-1}, \quad L_3 = \begin{pmatrix} \mu_1 \\ \mu_2 \end{pmatrix}, \tag{3.72}$$

$$M_1 = \Lambda_1, \quad M_2 = B_2^{-1}, \quad M_3 = \Gamma_2, \tag{3.73}$$

$$\Omega_i = V(\epsilon_i), \quad \Omega = \text{bdiag}\{\Omega_1, \Omega_2\} \quad \text{und} \quad x = x_2 \tag{3.74}$$

in das multiplikative Modell (2.34-2.36) einbetten[3]. Als weitere Verallgemeinerung gegenüber dem LISREL Ansatz führte Muthén (1984) gruppenspezifische Parameter[4] sowie ordinale Probitrelationen (2.7) zur Analyse von ordinalskalierten Variablen ein. Damit enthält dieses Modell u.a. die dichotome Faktorenanalyse sowie die multivariate Probitanalyse als Spezialfälle. Globale und lokale Identifikationskriterien sind für dieses Modell nicht bekannt.

3.3.3 Bentler's Multistrukturmodell

Das von Bentler (1976) und Bentler und Weeks (1979) entwickelte Multistrukturmodell läßt sich durch die Gleichung

$$Y = Y^* = \eta_0 = \Xi_1 \Xi_2 x_1 + \Xi_3 \Xi_4 x_2 + \sum_{h=1}^{H} \left(\prod_{i=1}^{h} \Lambda_i \right) \epsilon_h \tag{3.75}$$

repräsentieren. Dabei sind Ξ_1 und Ξ_2 unbekannte Erwartungswertstrukturparameter, während Ξ_3 und Ξ_4 bekannte Designmatrizen darstellen. Die Elemente der Matrizen Λ_h, $h = 1, \ldots, H$ sind Parameter und stellen in der Regel Faktorladungen dar. Weiterhin wird angenommen: $E(\epsilon_h \cdot \epsilon_\ell^T) = 0$ für $h \neq \ell$ und $\Omega_h = V(\epsilon_h)$. Damit gilt:

---
[3] bdiag bezeichnet eine Blockdiagonalmatrix.
[4] Gruppenspezifische Parametrisierungen werden in Kapitel 6 dargestellt.

$$E(Y^*|x) = \Xi_1\Xi_2 x_1 + \Xi_3\Xi_4 x_2 \tag{3.76}$$

$$V(Y^*|x) = \sum_{h=1}^{H} \left(\prod_{i=1}^{h} \Lambda_i\right) \Omega_h \left(\prod_{i=1}^{h} \Lambda_i\right)^T \tag{3.77}$$

Dieses Modell läßt sich durch folgende Gleichung in die multiplikative Momentenstruktur (2.34–2.36) einbetten:

$$\Pi = \prod_{j=1}^{2} M_j \quad \text{und} \quad \Sigma = \left(\prod_{h=1}^{H} N_h\right) \Omega \left(\prod_{h=1}^{H} N_h\right)^T \quad \text{mit} \tag{3.78}$$

$$M_1 = (\Xi_1, \Xi_3), \quad M_2 = \begin{pmatrix} \Xi_2 & 0 \\ 0 & \Xi_4 \end{pmatrix}, \tag{3.79}$$

$$\Omega_h = V(\epsilon_h), \quad \Omega = \text{diag}\{\Omega_1, \ldots, \Omega_H\} \tag{3.80}$$

$$N_1 = \Lambda_1 \quad \text{und} \quad N_h = \begin{pmatrix} I_{n_1} & 0 & \cdots & 0 & 0 & 0 \\ 0 & I_{n_2} & \cdots & 0 & 0 & 0 \\ \vdots & & \ddots & \vdots & \vdots & \vdots \\ 0 & 0 & \cdots & I_{n_{h-2}} & 0 & 0 \\ 0 & 0 & \cdots & 0 & I_{n_{h-1}} & \Lambda_h \end{pmatrix} \tag{3.81}$$

Offensichtlich läßt sich die Kovarianzmatrix des Multistrukturmodells als Spezialfall der Kovarianzstruktur des COSAN Modells darstellen. Umgekehrt läßt sich das Kovarianzstrukturmodell von McDonald (Gleichung 3.64) auch als Spezialfall des Bentler Modells darstellen (Einsetzen von $\Xi_i = 0$ für $i = 1, \ldots, 4$, $\Omega_h = 0$ für $h = 1, \ldots, H$, $K = H$ und $\Lambda_h = N_h$ in 3.75). Allerdings ist eine Parametrisierung der Inversen N_h^{-1} bei Bentler im Gegensatz zu McDonald nicht explizit vorgesehen.

Kapitel 4

Sequentielle Schätzung der Parameter der reduzierten Form

Zur Schätzung der Parameter $\{\tau, \gamma, \Pi, \Sigma\}$ der reduzierten Form wird ein dreistufiges Verfahren verwendet, das auf der sukzessiven Anwendung von Maximum-Likelihood Methoden auf uni- und bivariate marginale Dichten der n-dimensionalen endogenen Variablen Y_t basiert. Ein ähnliches Verfahren wird bei der sequentiellen Schätzung von Switching-Regressionsmodellen (L.F. Lee 1979, Avery 1981) und bei polychorischen und polyserialen Korrelationskoeffizienten (Olsson 1979b, Olsson, Drasgow & Dorans 1982) verwendet.

4.1 Die Struktur des Schätzverfahrens

4.1.1 Stufe 1: Marginale Maximum-Likelihood-Schätzung

Die marginale Dichte einer endogenen Variablen Y_{ti} lautet

$$P(Y_{ti}|x_t, \delta_i) = \int_{c_i^-} \varphi_i(Y_i^*|x_t) dY_i^*. \tag{4.1}$$

Dabei ist φ_i eine univariate Normalverteilung mit Erwartungswert $\gamma_i + \Pi_i.x_t$ und Varianz $\sigma_i^2 = \Sigma_{ii}$, während $c_i^- = c_i^-(Y_{ti}, \tau_i)$ die inverse Meßrelation der i-ten Variablen Y_i ist. Die Parameter der i-ten Gleichung werden in einem Vektor $\delta_i = (\tau_i^T, \gamma_i, \Pi_i., \sigma_i^2)^T$ zusammengefaßt. Damit erhält man für den Kern der marginalen Loglikelihoodfunktion der i-ten Variablen Y_i den Ausdruck

$$\ell_i(\delta_i) = \ell_i(\tau_i, \gamma_i, \Pi_i., \sigma_i^2) = \sum_{t=1}^{T} \ln P(Y_{ti}|x_t). \tag{4.2}$$

Maximiert man (4.2) nach δ_i, so erhält man den marginalen Maximum Likelihood Schätzer $\hat{\delta}_i = \left(\hat{\tau}_i^T, \hat{\gamma}_i, \hat{\Pi}_{i.}, \hat{\sigma}_i^2\right)^T$, der unter geeigneten Regularitätsbedingungen sowohl im fixen als auch im stochastischen Regressorfall stark konsistent für den wahren Parameter $\delta_i^* = \left(\tau_i^{*T}, \gamma_i^*, \Pi_{i.}^*, \delta_i^{*2}\right)^T$ ist.

4.1.2 Stufe 2: Sequentielle marginale Maximum Likelihood Schätzung

Die bivariate marginale Dichte der beiden endogenen Variablen (Y_{ti}, Y_{tj}) lautet:

$$P(Y_{ti}, Y_{tj}|x_t, \delta_i, \delta_j, \rho_{ij}) = \int\int_{c_i^- \times c_j^-} \varphi_{ij}(Y_i^*, Y_j^*|x_t) dY_j^* dY_i^* \tag{4.3}$$

Dabei ist φ_{ij} eine bivariate Normalverteilung mit den Erwartungswerten $E(Y_i^*|x_t) = \gamma_i + \Pi_{i.}x_t$ und $E(Y_j^*|x_t) = \gamma_j + \Pi_{j.}x_t$, den Varianzen $V(Y_i^*) = \sigma_i^2$ und $V(Y_j^*) = \sigma_j^2$ und der Kovarianz $\text{Kov}(Y_i^*, Y_j^*|x_t) = \sigma_{ij} = \rho_{ij}\sigma_i\sigma_j$. Die Produktmenge $c_i^- \times c_j^- = c_i^-(Y_{ti}, \tau_i) \times c_j^-(Y_{tj}, \tau_j)$ ist die inverse Meßrelation der beiden endogenen Variablen Y_i und Y_j. Damit lautet der Kern der bivariaten marginalen Loglikelihoodfunktion

$$\ell_{ij}(\delta_i, \delta_j, \rho_{ij}) = \sum_{t=1}^T \ln P(Y_{ti}, Y_{tj}|x_t) \tag{4.4}$$

Setzt man stark konsistente Schätzer $\hat{\delta}_i$ und $\hat{\delta}_j$ für die Parameter der i-ten und j-ten endogenen Variablen (Y_i, Y_j) in die bivariate marginale Loglikelihoodfunktion ein, so erhält man die konditionale bivariate marginale Loglikelihoodfunktion

$$\hat{\ell}_{ij}(\rho_{ij}) = \ell_{ij}(\hat{\delta}_i, \hat{\delta}_j, \rho_{ij}), \tag{4.5}$$

die lediglich den Korrelationskoeffizienten ρ_{ij} als freien Parameter enthält. Maximiert man $\hat{\ell}_{ij}(\rho_{ij})$ nach ρ_{ij}, so erhält man den konditionalen Maximum-Likelihood Schätzer $\hat{\rho}_{ij}$, der unter geeigneten Regularitätsbedingungen stark konsistent für den wahren Parameter ρ_{ij}^* ist.

4.1.3 Stufe 3: Kovarianzschätzer

In der dritten Stufe wird die Kovarianz σ_{ij} durch

$$\hat{\sigma}_{ij} = \hat{\rho}_{ij} \cdot \hat{\sigma}_i \cdot \hat{\sigma}_j \tag{4.6}$$

geschätzt, wobei $\hat{\rho}_{ij}$ der konditionale Maximum Likelihoodschätzer der zweiten Stufe ist, während $\hat{\sigma}_i$ und $\hat{\sigma}_j$ die marginalen Maximum Likelihoodschätzer der ersten Stufe darstellen.

Damit können für alle Parameter $(\tau, \gamma, \Pi, \Sigma)$ der reduzierten Form konsistente Schätzer berechnet werden. Im Gegensatz zu diesem dreistufigen Verfahren ist bei einer Maximum Likelihood Schätzung auf der Basis der Dichte (2.38) des gesamten Systems mit n endogenen Variablen eine Berechnung von n-dimensionalen Normalverteilungsintegralen notwendig.

Die Anwendbarkeit dieses Verfahrens ist nicht auf Mischverteilungen der Form (2.38) beschränkt. Die wesentliche Voraussetzung zur Anwendung der ersten beiden Stufen ist die Unabhängigkeit der marginalen Dichten $f(Y_i|\delta_1, \delta_2, \rho_{12})$ einer parametrisierten Dichte $f(Y_1, Y_2|\delta_1, \delta_2, \rho_{12})$ von δ_j und ρ_{12} für $j \neq i$. Dies ermöglicht die Repräsentation der marginalen Dichte durch $f(Y_i|\delta_i)$. Daher läßt sich diese Schätzstrategie auch bei verallgemeinerten Latent-Trait Modellen mit nominalskalierten endogenen Variablen (Arminger & Küsters 1985, 1986) anwenden.

4.2 Asymptotische Eigenschaften des sequentiellen Schätzers

Die Beweise zur Konsistenz und asymptotischen Normalität des dreistufigen Verfahrens werden nur für den stochastischen Regressorfall mit unabhängigen und identisch verteilten Zufallsvariablen $z_t = (Y_t, x_t)$ mit Dichte $f(z) = P(Y,x) = P(Y|x) \cdot p(x)$ geführt. Weiterhin beschränken sich die Beweise auf den Fall von zwei endogenen Variablen (Y_1, Y_2), da die Beweise direkt mit Hilfe einer komplizierteren Notation auf den Fall $n > 2$ verallgemeinert werden können. Die Beweistechnik zum Nachweis der starken Konsistenz der ersten Stufe basiert auf asymptotische Arbeiten über nichtlineare kleinste Quadrateschätzer (Jennrich 1969), ML-Schätzer für Tobitmodelle (Amemiya 1973) und diskrete Präferenzmodelle (Manski & Lerman 1977; Manski & McFadden 1981a). Der Konsistenzbeweis der zweiten Stufe basiert auf asymptotischen Arbeiten über Switching Regression (L.F. Lee 1979; Avery 1981). Der Beweis der asymptotischen Normalität basiert auf einer Modifikation einer mehrstufigen Taylorreihenentwicklung, die Amemiya (1978a) zur Berechnung der asymptotischen Kovarianzmatrix des mehrstufig geschätzten genesteten Logitmodells (Domencich & McFadden 1975) verwendete. Unkonventionelle Hilfssätze, die für die Beweise erforderlich sind, findet der Leser in Anhang A.

4.2.1 Annahmen

Sei $\{Z, \mathcal{A}(Z), \mu\}$ ein Maßraum mit Z als Element der Borelschen Menge $\mathcal{B}^{2+m}$. Sei $\{P_\delta : \delta \in \Delta\}$ eine parametrisierte Familie von Wahrscheinlichkeitsmaßen über $\{Z, \mathcal{A}(Z)\}$, die durch ein σ−finites Maß μ über $\{Z, \mathcal{A}(Z)\}$ dominiert wird. Sei $\delta = \left(\delta_1^T, \delta_2^T, \rho_{12}\right)^T$ ein Parameter aus einem konvexen und kompakten Parameterraum $\Delta = \Delta_1 \times \Delta_2 \times \Delta_{12} \subset \mathcal{R}^k$ und $f(z|\delta)$ eine Version der Radon-Nikodym-Dichte $dP_\delta/d\mu$, von der angenommen wird, daß sie für festes $z \in Z$ zweimal stetig differenzierbar im

Inneren von Δ ist[1]. Sei δ^* der wahre Parameter, von dem angenommen wird, daß er innerer Punkt von Δ ist. Das wahre Wahrscheinlichkeitsmaß unter δ^* wird mit P^* bezeichnet. Sei $Z^\infty = \otimes_{i=1}^\infty Z$ der unendliche Produktraum und $\mathcal{A}(Z^\infty)$ die durch die Zylindermengen von Z^∞ erzeugte σ-Algebra. Sei $P_\delta^\infty = \otimes_{i=1}^\infty P_\delta$ das infinite Produktmaß über $\{Z^\infty, \mathcal{A}(Z^\infty)\}$, das nach dem Satz von Daniell (Arminger 1980, Satz 8.22) existiert und zu einer Zufallsstichprobe $\{z_t\}_{t \in \mathcal{N}}$ von stochastisch unabhängigen, identisch verteilten Zufallsvariablen mit Dichte $f(z|\delta)$ korrespondiert. Das Wahrscheinlichkeitsmaß P_δ^∞ an der Stelle $\delta = \delta^*$ wird mit P_*^∞ bezeichnet. Weiterhin wird angenommen, daß eine Zerlegung des Vektors z in zwei sich möglicherweise überschneidende Subvektoren z^1 und z^2 existiert[2], so daß die marginalen Dichten $f(z^i|\delta)$ nur noch vom Subvektor δ_i abhängen. Zur Anwendung der starken Gesetze der großen Zahlen für parametrisierte meßbare Abbildungen (Lemma A.4) wird angenommen, daß $f(z|\delta)$ durch eine P^* integrable Abbildung dominiert[3] wird, die von δ unabhängig ist. Eine derartige Funktion existiert z.B. dann, wenn $f(z|\delta)$ stetig auf $Z \times \Delta$ ist und Z auch kompakt ist.

Zur Identifizierbarkeit der Parameter der ersten Stufe wird angenommen, daß der Erwartungswert

$$E^*(\ln f(z^i|\delta_i)) = \int_Z \left(\ln f(z^i|\delta_i)\right) f(z|\delta^*) d\mu(z) \qquad (4.7)$$

$$= \int_{Z_i} \left(\ln f(z^i|\delta_i)\right) f(z^i|\delta_i^*) d\mu_i(z_i)$$

ein eindeutiges Maximum an der Stelle δ_i^* besitzt[4] und daß der Erwartungswert

$$E^*\left(\ln f(z|\delta_1^*, \delta_2^*, \rho_{12})\right) = \int_Z \{\ln f(z|\delta_1^*, \delta_2^*, \rho_{12})\} \cdot f(z|\delta_1^*, \delta_2^*, \rho_{12}^*) d\mu(z) \qquad (4.8)$$

ein eindeutiges Maximum an der Stelle ρ_{12}^* besitzt. Weiterhin wird für den Nachweis der asymptotischen Normalität angenommen, daß die ersten und zweiten Ableitungen von $\ln f(z|\delta)$ und $\ln f(z^i|\delta_i)$ durch P^* integrable Abbildungen dominiert werden, die von δ unabhängig sind.

---

[1] Durch die Dichtefunktion $P(Y,x) = P(Y|x) \cdot p(x)$ mit $P(Y|x)$ aus (2.38) läßt sich immer eine parametrisierte Familie von Wahrscheinlichkeitsmaßen $\{P_\delta : \delta \in \Delta\}$ konstruieren, so daß eine Version $f(z|\delta)$ der Radon-Nikodym-Dichte μ-fast sicher für alle zulässigen Parameterkonstellationen mit $P(Y,x)$ übereinstimmt.
[2] Für das sequentielle Verfahren wird die Zerlegung $z^1 = (Y_1, x)$ und $z^2 = (Y_2, x)$ gewählt.
[3] Eine meßbare und μ-integrable Abbildung $\alpha(z)$ dominiert die Abbildung $f(z)$, wenn gilt: $|f(z)| \leq \alpha(z)$ und $\int_Z \alpha(z) d\mu(z) < \infty$
[4] Die Existenz eines eindeutigen Maximums δ_i^* von $E^*(\ln f(z_i|\delta_i))$ innerhalb des Parameterraums Δ_i ist äquivalent zur globalen Identifizierbarkeit des Parameters δ_i (Lemma A.9 sowie Rothenberg 1971 und Bowden 1973).

4.2.2 Beweis der starken Konsistenz des sequentiellen Verfahrens

Sei $z^\infty = z_1, z_2, \ldots, z_T, z_{T+1}, \ldots$ eine infinite Sequenz aus Z^∞. Sei z_t^i der Subvektor von z_t, der durch die Zerlegung z^1 und z^2 generiert wird. Definiere

$$\ell_{Ti}(\delta_i) = \sum_{t=1}^{T} \ln f(z_t^i | \delta_i). \tag{4.9}$$

Dann folgt nach Lemma A.1, daß für jedes $T \in \mathcal{N}$ eine meßbare Abbildung $\hat{\delta}_{Ti}$ von Z^∞ nach Δ_i (der marginale ML-Schätzer) existiert, so daß für alle $z^\infty \in Z^\infty$ gilt:

$$\ell_{Ti}\left(\hat{\delta}_{Ti}(z^\infty)\right) = \sup_{\Delta_i} \ell_{Ti}(\delta_i) \tag{4.10}$$

Weiterhin wird die Dichte $f(z^i|\delta_i)$ durch eine P^* integrable Abbildung dominiert. Damit folgt aus Lemma A.4, daß $T^{-1} \cdot \ell_{Ti}(\delta_i)$ gleichmäßig auf Δ_i und P_*^∞ fast sicher gegen $E^*\left(\ln f(z^i|\delta_i)\right)$ konvergiert. Damit folgt nach Lemma A.6, daß $\hat{\delta}_{Ti}$ dem Maße P_*^∞ fast sicher gegen δ_i^* konvergiert und somit ein stark konsistenter Schätzer für δ_i^* ist. Definiere

$$\ell_T(\delta_1, \delta_2, \rho_{12}) = \sum_{t=1}^{T} \ln f(z_t|\delta_1, \delta_2, \rho_{12}). \tag{4.11}$$

Definiere $\hat{\ell}_T(\rho_{12}) = \ell_T(\hat{\delta}_{T1}, \hat{\delta}_{T2}, \rho_{12})$ durch Einsetzen der stark konsistenten Schätzer $\hat{\delta}_{T1}$ und $\hat{\delta}_{T2}$. Lemma A.7 liefert die Stetigkeit auf Δ_{12} und Meßbarkeit von $\hat{\ell}_T(\rho_{12})$. Damit erhält man nach Lemma A.1 die Existenz einer meßbaren Abbildung $\hat{\rho}_{T12}(z^\infty)$ (dem konditionalen marginalen Maximum Likelihood Schätzer) mit

$$\hat{\ell}_T\left(\hat{\rho}_{T12}(z^\infty)\right) = \sup_{\Delta_{12}} \hat{\ell}_T(\rho_{12}). \tag{4.12}$$

Weiterhin gilt nach Lemma A.4, daß $T^{-1} \cdot \ell_T(\delta_1, \delta_2, \rho_{12})$ gleichmäßig auf $\Delta_1 \times \Delta_2 \times \Delta_{12}$ und P_*^∞ fast sicher gegen $E^*(\ln f(z|\delta_1, \delta_2, \rho_{12}))$ konvergiert. Damit folgt nach Lemma A.8, daß $T^{-1} \cdot \hat{\ell}_T(\rho_{12})$ gleichmäßig in Δ_{12} und P_*^∞ fast sicher gegen $E^*(\ln f(z|\delta_1^*, \delta_2^*, \rho_{12}))$ konvergiert. Damit folgt nach Lemma A.6, daß $\hat{\rho}_{T12}$ dem Maße P_*^∞ fast sicher gegen ρ_{12}^* konvergiert.

Ist $\kappa = h(\delta)$ eine stetige Funktion auf Δ, so folgt aus der starken Konsistenz von $\hat{\delta}$ auch die starke Konsistenz von $\hat{\kappa} = h(\hat{\delta})$ für $\kappa^* = \kappa(\delta^*)$. Siehe Serfling (1980), S. 24.

Probleme bei der Anwendung des Konsistenzbeweises: Die kritische Lücke des oben angegebenen Konsistenzbeweises bei der Anwendung auf die Parameter der reduzierten Form von hierarchischen Kovarianzstrukturmodellen ist die Sicherung der Existenz von eindeutigen Maxima in Δ_i bzw. Δ_{12} bei den Funktionen $E^*\left(\ln f(z^i|\delta_i)\right)$ bzw.

$E^*(\ln f(z|\delta_1^*, \delta_1^*, \rho_{12}))$. Daher wird in Anhang B ein Beweis für die Eindeutigkeit des Maximums von $E^*\left(\ln f(z^i|\delta_i)\right)$ für ordinale Probitmodelle angegeben. Die Beweise für Tobitmodelle und für den polytobiserialen Korrelationskoeffizienten werden jedoch nicht geführt. Eine notwendige Bedingung zur Identifikation der Trendparameter Π ist, daß die Kovarianzmatrix $V^*(x)$ positiv definit ist.

4.2.3 Beweis der asymptotischen Normalität des sequentiellen Verfahrens

Taylorreihenentwicklung der Likelihoodgleichung der Loglikelihoodfunktion (4.2) der i-ten endogenen Variablen um δ_i^* liefert mit $\hat{\delta}_i$ als marginalem Maximum Likelihood Schätzer der ersten Stufe

$$0 = \left.\frac{\partial \ell_i(\delta_i)}{\partial \delta_i}\right|_{\hat{\delta}_i} = \left.\frac{\partial \ell_i(\delta_i)}{\partial \delta_i}\right|_{\delta_i^*} + \left(\left.\frac{\partial^2 \ell_i(\delta_i)}{\partial \delta_i \partial \delta_i^T}\right|_{\tilde{\delta}_i}\right)(\hat{\delta}_i - \delta_i^*). \qquad (4.13)$$

Dabei ist $\tilde{\delta}_i$ ein Element des Liniensegments zwischen $\hat{\delta}_i$ und δ_i^*, das nach Lemma A.2 meßbar ist. Taylorreihenentwicklung der Likelihoodgleichung der konzentrierten Loglikelihoodfunktion (4.5) um ρ_{12}^* liefert mit $\hat{\rho}_{12}$ als sequentiellem marginalen Maximum Likelihood Schätzer der zweiten Stufe:

$$0 = \left.\frac{\partial \hat{\ell}_{12}(\rho_{12})}{\partial \rho_{12}}\right|_{\hat{\rho}_{12}} = \left.\frac{\partial \hat{\ell}_{12}(\rho_{12})}{\partial \rho_{12}}\right|_{\rho_{12}^*} + \left(\left.\frac{\partial^2 \hat{\ell}_{12}(\rho_{12})}{\partial \rho_{12}^2}\right|_{\tilde{\rho}_{12}}\right)(\hat{\rho}_{12} - \rho_{12}^*) \qquad (4.14)$$

Dabei ist $\tilde{\rho}_{12}$ ein meßbares Element des Liniensegment zwischen $\hat{\rho}_{12}$ und ρ_{12}^*. Nochmalige Taylorreihenentwicklung von

$$\left.\frac{\partial \hat{\ell}_{12}(\rho_{12})}{\partial \rho_{12}}\right|_{\rho_{12}^*} \qquad (4.15)$$

um $\left(\delta_1^{*T}, \delta_2^{*T}\right)^T$ liefert

$$\left.\frac{\partial \hat{\ell}_{12}(\rho_{12})}{\partial \rho_{12}}\right|_{\rho_{12}^*} = \left(\left.\frac{\partial \ell_{12}(\delta_1, \delta_2, \rho_{12})}{\partial \rho_{12}}\right|_{\delta_1^*, \delta_2^*, \rho_{12}^*}\right) + \qquad (4.16)$$

$$\left(\frac{\partial}{\partial(\delta_1^T, \delta_2^T)}\left[\left.\frac{\partial \ell_{12}(\delta_1, \delta_2, \rho_{12})}{\partial \rho_{12}}\right|_{\rho_{12}^*}\right]\right)\bigg|_{\tilde{\delta}_1, \tilde{\delta}_2} \left\{\begin{pmatrix}\hat{\delta}_1\\\hat{\delta}_2\end{pmatrix} - \begin{pmatrix}\delta_1^*\\\delta_2^*\end{pmatrix}\right\}$$

Dabei ist $\left(\tilde{\delta}_1^T, \tilde{\delta}_2^T\right)^T$ ein meßbares Element des Liniensegments zwischen $\left(\hat{\delta}_1^T, \hat{\delta}_2^T\right)^T$ und $\left(\delta_1^{*T}, \delta_2^{*T}\right)^T$. Einsetzen von (4.16) in (4.14) und Zusammenfassen mit (4.13) ergibt:

$$0 = \nabla \ell_{[T]}^* + J_{[T]}(\delta^*, \hat{\delta}, \tilde{\delta}, \tilde{\tilde{\delta}}) \cdot (\hat{\delta} - \delta^*) \quad \text{mit} \tag{4.17}$$

$$\nabla \ell_{[T]}^* = \begin{pmatrix} \frac{\partial \ell_1(\delta_1^*)}{\partial \delta_1} \\ \frac{\partial \ell_2(\delta_2^*)}{\partial \delta_2} \\ \frac{\partial \ell_{12}(\delta_1^*, \delta_2^*, \rho_{12}^*)}{\partial \rho_{12}} \end{pmatrix}, \tag{4.18}$$

$$\delta = \begin{pmatrix} \delta_1 \\ \delta_2 \\ \rho_{12} \end{pmatrix} \quad \text{und} \tag{4.19}$$

$$J_{[T]}(\delta^*, \hat{\delta}, \tilde{\delta}, \tilde{\tilde{\delta}}) = \begin{pmatrix} \frac{\partial^2 \ell_1(\tilde{\delta}_1)}{\partial \delta_1 \partial \delta_1^T} & 0 & 0 \\ 0 & \frac{\partial^2 \ell_2(\tilde{\delta}_2)}{\partial \delta_2 \partial \delta_2^T} & 0 \\ \frac{\partial^2 \ell_{12}(\tilde{\tilde{\delta}}_{11}, \tilde{\tilde{\delta}}_{12}, \rho_{12}^*)}{\partial \delta_1^T \partial \rho_{12}} & \frac{\partial^2 \ell_{12}(\tilde{\tilde{\delta}}_{11}, \tilde{\tilde{\delta}}_{12}, \rho_{12}^*)}{\partial \delta_2^T \partial \rho_{12}} & \frac{\partial^2 \ell_{12}(\hat{\delta}_1, \hat{\delta}_2, \tilde{\rho}_{12})}{\partial \rho_{12}^2} \end{pmatrix} \tag{4.20}$$

Zur Herleitung der asymptotischen Kovarianzmatrix wird folgende Notation vereinbart:

$$\nabla \ell_{t,i} = \frac{\partial \ln P(Y_{ti}|x_t)}{\partial \delta_i}, \tag{4.21}$$

$$\nabla \ell_{t,3} = \frac{\partial \ln P(Y_{t1}, Y_{t2}|x_t)}{\partial \rho_{12}},$$

$$J_{t,ii} = \frac{\partial^2 \ln P(Y_{ti}|x_t)}{\partial \delta_i \partial \delta_i^T},$$

$$J_{t,3,i} = \frac{\partial^2 \ln P(Y_{t1}, Y_{t2}|x_t)}{\partial \delta_i^T \partial \rho_{12}} \quad \text{und}$$

$$J_{t,33} = \frac{\partial^2 \ln P(Y_{t1}, Y_{t2}|x_t)}{\partial \rho_{12}^2} \quad \text{für} \quad i,j = 1,2$$

Ersetzt man die Loglikelihoodfunktionselemente $\ln P(Y_{ti}|x_t)$ etc. pro Beobachtung $t = 1, \ldots, T$ durch die korrespondierenden Loglikelihoodfunktionen $\ell_i(\delta_i)$ etc., so werden die korrespondierenden Submatrizen von $\nabla \ell_{[T]}$ etc. mit dem Subindex $[T]$ durch $\ell_{[T],i}$ etc. bezeichnet. Weiterhin werden alle Funktionen, die in jedem Parameterargument $(\delta^*, \hat{\delta}, \tilde{\delta}, \tilde{\tilde{\delta}})$ an der Stelle δ^* bzw. $\hat{\delta}$ entwickelt werden, mit einem Superindex $*$ bzw. $\hat{}$ bezeichnet.

Nun erhält man durch Anwendung der in Anhang A angegebenen Sätze folgende asymptotische Konvergenzaussagen:

1. Lemma A.4 sichert die auf $\Delta_1 \times \Delta_2 \times \Delta_{12}$ gleichmäßige und P_*^∞ fast sichere Konvergenz der Funktionstypen

$$T^{-1} \cdot \sum_{t=1}^{T} g_t(z^\infty|\delta_1,\delta_2,\rho_{12}) \xrightarrow[T \to \infty]{P_*^\infty f.s.g.\Delta} E^*\left(g(z^\infty|\delta_1,\delta_2,\rho_{12})\right) \qquad (4.22)$$

Setzt man für $g(\cdot|\cdot)$ die zu den Submatrizen von $J_{[T]}$ aus (4.17) korrespondierenden Ableitungen der Dichten aus (4.21) pro Beobachtung $t = 1,\ldots,T$ ein, so erhält man die auf Δ gleichmäßige und P_*^∞ fast sichere Konvergenz

$$T^{-1} \cdot J_{[T]}(\delta,\delta,\delta,\delta) \xrightarrow[T \to \infty]{P_*^\infty f.s.g.\Delta} E^*\left(J_t(\delta,\delta,\delta,\delta)\right). \qquad (4.23)$$

2. Weiterhin sind die nach Lemma A.2 meßbaren Komponenten von $\tilde{\delta}$ und $\tilde{\tilde{\delta}}$ Elemente von Liniensegmenten zwischen einem konsistenten Schätzer $\hat{\delta}$ und dem wahren Parameterwert δ^*. Damit sind die Elemente von $\tilde{\delta}$ und $\tilde{\tilde{\delta}}$ der Liniensegmente auch konsistent. Setzt man in $J_{[T]}(\cdot)$ die für δ^* stark konsistenten Abbildungen $(\delta^*, \hat{\delta}, \tilde{\delta}, \tilde{\tilde{\delta}})$ bzw. $(\hat{\delta}, \hat{\delta}, \hat{\delta}, \hat{\delta})$ als Argumente ein, so folgt nach Lemma A.8, daß die beiden Zufallsfunktionen

$$T^{-1} \cdot J_{[T]}(\delta^*, \hat{\delta}, \tilde{\delta}, \tilde{\tilde{\delta}}) \quad \text{und} \quad T^{-1} \cdot J_{[T]}(\hat{\delta}, \hat{\delta}, \hat{\delta}, \hat{\delta}) \qquad (4.24)$$

P_*^∞ fast sicher gegen $E^*(J_t^*)$ konvergieren. Analog wie bei 1 und 2 zeigt man unter Berücksichtigung von $E(\nabla \ell_t) = 0$ (Zacks 1971, Lemma 4.1.1, S. 182) die P_*^∞ fast sichere Konvergenz von

$$T^{-1} \cdot \sum_{t=1}^{T} (\nabla \hat{\ell}_t) \cdot (\nabla \hat{\ell}_t)^T \xrightarrow[T \to \infty]{P_*^\infty f.s.} V^*(\nabla \ell_t^*). \qquad (4.25)$$

3. Anwendung des zentralen Grenzwertsatzes in der Form von Lindeberg-Levy (Rao 1973, S. 128) liefert die Konvergenz nach Verteilung:

$$T^{-1/2} \cdot \nabla \ell_{[T]}^* \xrightarrow[T \to \infty]{n.V.} \mathcal{N}\left(0, V^*(\nabla \ell_t^*)\right) \qquad (4.26)$$

Umformen von (4.17) und Einsetzen der Ergebnisse 1–3 ergibt[5]:

---
[5]Zwei Folgen von Zufallsvariablen X_t und Y_t heißen asymptotisch äquivalent (symbolisch $X_t \stackrel{a}{=} Y_t$), wenn gilt: $|X_t - Y_t| \xrightarrow[t \to \infty]{P_*^\infty f.s} 0$. Sind zwei Folgen von Zufallsvariablen asymptotisch äquivalent, so konvergieren sie nach Verteilung gegen die gleiche Grenzverteilung, sofern diese existiert.

$$\sqrt{T}\left(\hat{\delta}-\delta^{*}\right) \stackrel{a}{=} -\left(\frac{1}{T}J^*_{[T]}\right)^{-1}\left(T^{-1/2}\cdot\nabla\ell^*_{[T]}\right) \tag{4.27}$$

Damit gilt:

$$\sqrt{T}\left(\hat{\delta}-\delta^{*}\right) \xrightarrow[T\to\infty]{n.V.} \mathcal{N}(0,W^*) \quad \text{mit} \tag{4.28}$$

$$W^* = [E^*(J^*_t)]^{-1}\{V^*(\nabla\ell^*_t)\}\left[E^*(J^*_t)^T\right]^{-1} \tag{4.29}$$

Ein stark konsistenter Schätzer $\hat{W}$ für W^* läßt sich durch Einsetzen der empirischen Stichprobenmomente folgendermaßen berechnen:

$$\begin{aligned}\hat{W} &= \left[\frac{1}{T}\hat{J}_{[T]}\right]^{-1}\left\{\frac{1}{T}\sum_{t=1}^{T}\left(\nabla\hat{\ell}_t\right)\cdot\left(\nabla\hat{\ell}_t\right)^T\right\}\left[\frac{1}{T}\hat{J}_{[T]}\right]^{-1^T} \\ &= T\cdot\left[\hat{J}_{[T]}\right]^{-1}\left\{\sum_{t=1}^{T}\left(\nabla\hat{\ell}_t\right)\cdot\left(\nabla\hat{\ell}_t\right)^T\right\}\left[\hat{J}^T_{[T]}\right]^{-1}\end{aligned} \tag{4.30}$$

Allerdings hat dieser Schätzer den Nachteil, daß zur Berechnung der Matrix $\hat{J}_{[T]}$ die zweiten Ableitungen der Loglikelihoodfunktionselemente $P(Y_{ti}|x_t)$ und $P(Y_{ti},Y_{tj}|x_t)$ nach δ_i bzw. ρ_{ij} erforderlich sind. Aufgrund der Vertauschbarkeit von Differentiation und Integration bei der Erwartungswertbildung (Zacks 1971, Lemma 4.1.1-2, S. 182-3) in den Hauptdiagonalblöcken $E^*\left(J^*_{t,i}\right)$ der Matrix $E^*(J_t)$ erhält man jedoch die Identität

$$V^*\left(\nabla\ell^*_{t,i}\right) = -E^*\left(J^*_{t,ii}\right) \quad \text{für} \quad i=1,2,3. \tag{4.31}$$

Eine analoge Vertauschbarkeit von Differentiation und Integration läßt sich für die Submatrizen $J_{t,3,1}$ und $J_{t,3,2}$ nicht nachweisen. Damit ist die folgende Matrix $\hat{\tilde{W}}$ ein alternativer konsistenter Schätzer für W^*:

$$\hat{\tilde{W}} = T\cdot\left[\hat{\tilde{J}}_{[T]}\right]^{-1}\left\{\sum_{t=1}^{T}\left(\nabla\hat{\ell}_t\right)\cdot\left(\nabla\hat{\ell}_t\right)^T\right\}\left[\hat{\tilde{J}}_{[T]}\right]^{-1^T} \quad \text{mit} \tag{4.32}$$

$$\hat{\tilde{J}}_{[T]} = \sum_{t=1}^{T}\begin{pmatrix} -\left(\nabla\hat{\ell}_{t,1}\right)\cdot\left(\nabla\hat{\ell}_{t,1}\right)^T & 0 & 0 \\ 0 & -\left(\nabla\hat{\ell}_{t,2}\right)\cdot\left(\nabla\hat{\ell}_{t,2}\right)^T & 0 \\ \hat{J}_{t,3,1} & \hat{J}_{t,3,2} & -\left(\nabla\hat{\ell}_{t,3}\right)\cdot\left(\nabla\hat{\ell}_{t,3}\right)^T \end{pmatrix} \tag{4.33}$$

Zur Berechnung der Matrix $\hat{\tilde{J}}_{[T]}$ müssen lediglich die gemischten zweiten Ableitungen in $\hat{J}_{t,3,i}$ für $i=1,2$ hergeleitet oder approximiert werden.

Benötigt man lediglich die Varianz-Kovarianz-Matrix der Parameterschätzer $\hat{\delta}_i$ einer einzelnen Gleichung, so erhält man durch Anwendung der Inversionsregeln für blockpartitionierte Matrizen

$$\begin{pmatrix} A & 0 \\ B & C \end{pmatrix}^{-1} = \begin{pmatrix} A^{-1} & 0 \\ -C^{-1}BA^{-1} & C^{-1} \end{pmatrix} \qquad (4.34)$$

für $i = 1, 2$ das Ergebnis

$$\sqrt{T} \cdot \left(\hat{\delta}_1 - \delta_i^*\right) \xrightarrow[T \to \infty]{n.V.} \mathcal{N}\left(0, W_i^*\right) \quad \text{mit} \qquad (4.35)$$

$$W_i^* = E^*\left(-\frac{\partial^2 \ell_{t,i}(\delta_i^*)}{\partial \delta_i \partial \delta_i}\right)^{-1} = E^*\left[\left(\frac{\partial \ell_{t,i}(\delta_i)}{\partial \delta_i}\right)\left(\frac{\partial \ell_{t,i}(\delta_i)}{\partial \delta_i}\right)^T\right]^{-1}.$$

Dieses Ergebnis läßt sich auch direkt durch die Anwendung klassischer Maximum-Likelihood-Theorie auf die marginale Dichte $P(Y_{ti}|x_t)$ nachweisen. Ein konsistenter Schätzer für W_i^* mit $i = 1, 2$ ist

$$\hat{W}_i = \left\{T^{-1} \cdot \sum_{t=1}^{T} \left(\nabla \hat{\ell}_{t,i}\right) \cdot \left(\nabla \hat{\ell}_{t,i}\right)^T\right\}^{-1}. \qquad (4.36)$$

Zur Berechnung der asymptotischen Kovarianzmatrix von $\hat{\kappa} = \left(\hat{\beta}_1^T, \hat{\sigma}_1^2, \hat{\beta}_2^T, \hat{\sigma}_2^2, \hat{\sigma}_{12}\right)^T$ mit $\hat{\beta}_i = \left(\hat{\gamma}_i, \hat{\Pi}_{i\cdot}, \hat{\tau}_i^T\right)^T$ und $\hat{\sigma}_{12} = \hat{\sigma}_1 \hat{\sigma}_2 \hat{\rho}_{12}$ wird die multivariate Delta-Methode (Serfling 1980, Theorem A, S. 122) verwendet. Es gilt:

$$\kappa = h(\delta) = \left(\beta_1^T, \sigma_1^2, \beta_2^T, \sigma_2^2, \sigma_1\sigma_2\rho_{12}\right)^T \qquad (4.37)$$

$$H(\delta) = \left(\frac{\partial h(\delta)}{\partial \delta^T}\right) = \begin{pmatrix} I & 0 & 0 & 0 & 0 \\ 0 & 1 & 0 & 0 & 0 \\ 0 & 0 & I & 0 & 0 \\ 0 & 0 & 0 & 1 & 0 \\ 0 & \frac{\sigma_2\rho_{12}}{2\sigma_1} & 0 & \frac{\sigma_1\rho_{12}}{2\sigma_2} & \sigma_1\sigma_2 \end{pmatrix} \qquad (4.38)$$

Damit folgt:

$$\sqrt{T}\left(\hat{\kappa} - \kappa^*\right) \xrightarrow[T \to \infty]{n.V.} \mathcal{N}\left(0, U^*\right) \quad \text{mit} \quad U^* = H(\delta^*)W^*H(\delta^*)^T \qquad (4.39)$$

Ein stark konsistenter Schätzer für U^* ist $\hat{U} = H(\hat{\delta}) \cdot \hat{W} \cdot H(\hat{\delta})^T$. Völlig analog läßt sich die asymptotische Kovarianzmatrix für ein System mit n endogenen Variablen $(Y_{t1}, Y_{t2}, \ldots, Y_{tn})$ berechnen.

4.2.4 Modifikationen für den fixen Regressorfall

Der oben angegebene Beweis der starken Konsistenz und asymptotischen Normalität des dreistufigen Schätzverfahrens für die Parameter der reduzierten Form $\{\tau, \gamma, \Pi, \Sigma\}$ gilt nur für den stochastischen Regressorfall. Der Beweis für den fixen Regressorfall läßt sich jedoch analog durch folgende Modifikationen durchführen:

1. Das infinite Produktmaß $P_\delta^\infty = \otimes_{i=1}^\infty P_\delta$ muß durch $P_\delta^\infty = \otimes_{i=1}^\infty P_{\delta t}$ ersetzt werden. Dabei ist $P_{\delta t}$ ein Wahrscheinlichkeitsmaß über $\{Z, \mathcal{A}(Z)\}$ mit $Z \in \mathcal{B}^2$, das durch die Dichte $P(Y_t|x_t)$ mit x_t als fixer Konstante generiert wird.

2. Der Satz von Mickey (Lemma A.4) muß durch Theorem 1 von Jennrich (1969), S. 635 ersetzt werden.

3. Der zentrale Grenzwertsatz in der Form von Lindeberg-Levy muß durch einen zentralen Grenzwertsatz für stochastisch unabhängige, aber nicht identisch verteilte Zufallsvariablen (Rao 1973, 2c.5, S. 126–129) ersetzt werden. Zur Anwendung eines derartigen Satzes sind in der Regel Grenzwertbedingungen für die Folge der Regressoren $\{x_t\}_{t \in \mathcal{N}}$ erforderlich (vgl. Amemiya 1973).

4.3 Marginale ML-Schätzung der Mittelwertstrukturparameter

Die Schätzung der Schwellenwertparameter τ_i, der Mittelwerte γ_i, der Trendparameter Π_i. und der Varianzen $\sigma_i^2 = \sigma_{ii} = \Sigma_{ii}$ der reduzierten Form einer endogenen Variablen Y_i basiert auf der Maximierung der marginalen Loglikelihoodfunktionen (4.2) mit Dichteelementen (4.1). Diese Optimierungsprobleme korrespondieren in Abhängigkeit vom Skalenniveau der endogenen Variablen Y_i zu traditionellen Regressionsmodellen für metrische, klassifiziert metrische, ordinale und ein- und zweiseitig zensierte Variable, die schon eingehend in der Literatur behandelt wurden und bei denen die ML-Schätzer üblicherweise mit bekannten Optimierungsverfahren wie Newton-Raphson und Fisher's Scoring berechnet werden[6]. Zur einheitlichen Darstellung der Kerne der Loglikelihoodfunktionen wird folgende Notation verwendet:

$$\mu_{ti} = \gamma_i + \Pi_i. x_t \tag{4.40}$$

$$\varphi_i(y_{ti}|\mu_{ti}, \sigma_i^2) = \left(2\pi\sigma_i^2\right)^{-1/2} \exp\left\{-\frac{1}{2}\left(\frac{y_{ti} - \mu_{ti}}{\sigma_i}\right)^2\right\} \tag{4.41}$$

---

[6] Die wichtigsten Optimierungsverfahren findet man in Anhang C.

$$\Phi(z) = \int_{-\infty}^{z} \varphi\left(Y^*|0,1\right) dY^* \qquad (4.42)$$

$$P_{ti0} = \varphi_i\left(y_{ti}|\mu_{ti},\sigma_i^2\right) \qquad (4.43)$$

$$P_{ti\ell} = \Phi\left(\frac{\tau_{i,\ell} - \mu_{ti}}{\sigma_i}\right) - \Phi\left(\frac{\tau_{i,\ell-1} - \mu_{ti}}{\sigma_i}\right) \quad \text{für} \quad \ell \geq 1 \qquad (4.44)$$

Unter Verwendung des verallgemeinerten Kerns der Loglikelihoodfunktionen

$$\ell_i\left(\tau_{i\cdot}^T, \gamma_i, \Pi_{i\cdot}, \sigma_i^2\right) = \sum_{t=1}^{T} \sum_{\ell=c_i}^{C_i} d_{ti\ell} \cdot \ln P_{ti\ell} \qquad (4.45)$$

lassen sich die marginalen Loglikelihoodfunktionen der verschiedenen Meßrelationen (2.3-2.7) mittels Festlegung der Summationsgrenzen (c_i, C_i) und der Indikatorvariablen $d_{ti\ell}$ durch folgende Fallunterscheidungen einheitlich formulieren[7]:

4.3.1 Metrische Meßrelationen

Für metrische Meßrelationen (2.3) erhält man das klassische Regressionsmodell (Schmidt 1976), dessen Loglikelihoodfunktion sich durch $d_{ti0} = 1$ und $c_i = C_i = 0$ als Spezialfall von (4.45) generieren läßt. In dieser Loglikelihoodfunktion treten keine Schwellenwerte auf. Die Loglikelihoodgleichungen lassen sich analytisch nach dem Parametervektor $(\gamma_i, \Pi_{i\cdot}, \sigma_i^2)$ auflösen und stimmen für den Regressionsvektor $(\gamma_i, \Pi_{i\cdot})$ mit dem kleinsten Quadrateschätzer der Regression von y_{ti} auf $(1, x_t)$ überein.

4.3.2 Ordinale Meßrelationen

Für ordinale Meßrelationen (2.7) mit $K_i + 1$ Kategorien erhält man das ordinale Probitmodell (Aitchison & Silvey 1957) mit unbekannten Schwellenwerten $\tau_{i,1}, \ldots, \tau_{i,K_i}$ und Regressionsparametern $(\gamma_i, \Pi_{i\cdot})$. Die Varianz wird apriori durch $\sigma_i^2 = 1$ restringiert. Als zusätzliche Identifikationsrestriktion wird entweder $\tau_{i,1}$ oder γ_i auf Null gesetzt. Zur Vereinfachung der Schätzung der Strukturparameter wird die Restriktion $\gamma_i = 0$ gewählt. Die Loglikelihoodfunktion erhält man durch folgende Festlegungen:

$$c_i = 1, \quad C_i = K_i + 1, \quad \tau_{i,0} = -\infty, \quad \tau_{i,K_i+1} = +\infty \quad \text{und} \qquad (4.46)$$

---
[7]Eine verwandte Formulierung findet man in Nelson (1976).

$$d_{ti\ell} = \left\{ \begin{array}{ll} 1 & \text{falls} \quad y_{ti} = \ell \\ 0 & \text{sonst} \end{array} \right\} \tag{4.47}$$

Die erforderlichen ersten und zweiten Ableitungen der Loglikelihoodfunktion findet man in McKelvey & Zavoina (1975) sowie in Maddala (1983). Die Loglikelihoodfunktion des ordinalen Probitmodels hat ein eindeutiges Maximum (Pratt 1981; Burridge 1981). Die Berechnung des ML-Schätzers über den EM-Algorithmus (Dempster, Laird & Rubin 1977) ist in Wolynetz (1979a,b) und in Healy (1982) dargestellt.

4.3.3 Klassifiziert metrische Meßrelationen

Für klassifiziert metrische Meßrelationen (2.4) mit $K_i + 1$ Kategorien erhält man das Regressionsmodell von Stewart (1983). Die Loglikelihoodfunktion dieses Modells wird formal durch die Festlegung (4.46) generiert. Der Unterschied zur Loglikelihoodstruktur des ordinalen Probitmodells besteht darin, daß die Klassengrenzen $\tau_{i,1}, \ldots, \tau_{i,K_i}$, die als Schwellenwerte interpretiert werden, apriori bekannt sind, während die Varianz σ_i^2 zusätzlich zu schätzen ist. Somit besteht der zu schätzende Parameter aus den Komponenten $(\gamma_i, \Pi_{i \cdot}, \sigma_i^2)$. Der EM-Algorithmus zur Berechnung des ML-Schätzers ist in Stewart (1983) dargestellt.

4.3.4 Einseitig zensierte Meßrelationen

Für einseitig zensierte Meßrelationen (2.5) erhält man das Standard-Tobit Modell von Amemiya (1973, 1984, 1986) vom Typ 1 mit apriori bekanntem Schwellenwert $\tau_{i,1} = \tau_i$. Die Loglikelihoodfunktion läßt sich durch folgende Festlegungen als Spezialfall von (4.45) generieren:

$$c_i = 0, \quad C_i = 1, \quad \tau_{i,0} = -\infty, \quad \tau_{i,2} = +\infty, \tag{4.48}$$

$$d_{tio} = \left\{ \begin{array}{ll} 1 & \text{falls} \quad y_{ti} \in (\tau_{i,1}, \tau_{i,2}) = (\tau_i, +\infty) \\ 0 & \text{sonst} \end{array} \right\} \quad \text{und} \tag{4.49}$$

$$d_{ti1} = \left\{ \begin{array}{ll} 1 & \text{falls} \quad y_{ti} = \tau_i \\ 0 & \text{sonst} \end{array} \right\} \tag{4.50}$$

Die ersten und zweiten Ableitungen der Loglikelihoodfunktionen findet man in Maddala (1983). Die Berechnung des ML-Schätzers für $(\gamma_i, \Pi_{i \cdot}, \sigma_i^2)$ über den EM-Algorithmus ist in Amemiya (1984) dargestellt. Der Nachweis der Eindeutigkeit des ML-Schätzers im Tobitmodell ist bei Olsen (1978) zu finden.

4.3.5 Zweiseitig zensierte Meßrelationen

Für zweiseitig zensierte Meßrelationen (2.6) erhält man das Two-Limit-Probit Modell von Rosett und Nelson (1975). Die Loglikelihoodfunktion läßt sich durch folgende Festlegung als Spezialfall von (4.45) generieren:

$$c_i = 0, \quad C_i = 3, \quad \tau_{i,0} = -\infty, \quad \tau_{i,3} = +\infty \qquad (4.51)$$

$$d_{tio} = \left\{ \begin{array}{ll} 1 & \text{falls} \quad y_{ti} \in (\tau_{i,1}, \tau_{i,2}) \\ 0 & \text{sonst} \end{array} \right\} \qquad (4.52)$$

$$d_{ti1} = \left\{ \begin{array}{ll} 1 & \text{falls} \quad y_{ti} = \tau_{i,1} \\ 0 & \text{sonst} \end{array} \right\} \qquad (4.53)$$

$$d_{ti2} = 0 \quad \text{und} \qquad (4.54)$$

$$d_{ti3} = \left\{ \begin{array}{ll} 1 & \text{falls} \quad y_{ti} = \tau_{i,2} \\ 0 & \text{sonst} \end{array} \right\} \qquad (4.55)$$

4.4 Sequentielle ML-Schätzung der Kovarianzstrukturparameter

Die Schätzung der Korrelationen ρ_{ij} bzw. Kovarianzen σ_{ij} der reduzierten Form basiert auf der numerischen Maximierung der auf die Schätzer $\hat{\delta}_i$ der ersten Stufe konditionierten bivariaten Loglikelihoodfunktionen (4.5). Diese Methode stellt eine modelltheoretische und schätztechnische Verallgemeinerung der sequentiellen Schätzung des polychorischen (Olsson 1979b) und polyserialen Korrelationskoeffizienten (Olsson, Drasgow & Doran 1982) dar, da außer einer Konditionierung auf exogene Variablen x_t auch ein- und zweiseitig zensierte Variablen zusätzlich berücksichtigt werden können.

4.4.1 Die Struktur der Loglikelihoodfunktionselemente

Zur Darstellung der bivariaten marginalen Loglikelihoodfunktionen wird folgende Notation zusätzlich vereinbart:

$$z_{ti} = \frac{y_{ti} - \mu_{ti}}{\sigma_i} \qquad (4.56)$$

$$\varphi_{ij}\left(y_{ti}, y_{tj} | \mu_{ti}, \mu_{tj}, \sigma_i^2, \sigma_j^2, \rho_{ij}\right) = \qquad (4.57)$$

$$\frac{1}{2\pi\sigma_i\sigma_j\sqrt{(1-\rho_{ij}^2)}} \exp\left\{-\frac{\left(z_{ti}^2 - 2\rho_{ij}z_{ti}z_{tj} + z_{tj}^2\right)}{2\left(1-\rho_{ij}^2\right)}\right\} =$$

$$\frac{1}{\sigma_i\sigma_j}\varphi_{ij}\left(z_{ti}, z_{tj}|0,0,1,1,\rho_{ij}\right)$$

$$\Phi_\rho(a,b) = \int_{-\infty}^{a}\int_{-\infty}^{b} \varphi_{ij}\left(z_i^*, z_j^*|0,0,1,1,\rho\right) dz_j^* dz_i^* \tag{4.58}$$

$$P_{tij00} = \varphi_{ij}\left(y_{ti}, y_{tj}|\mu_{ti},\mu_{tj},\sigma_i^2,\sigma_j^2,\rho_{ij}\right) \tag{4.59}$$

$$P_{tij0m} = \int_{\tau_{j,m-1}}^{\tau_{j,m}} \varphi_{ij}\left(y_{ti}, y_{tj}^*|\mu_{ti},\mu_{tj},\sigma_i^2,\sigma_j^2,\rho_{ij}\right) dy_{tj}^* \quad \text{für} \quad m \geq 1 \tag{4.60}$$

$$P_{tij\ell 0} = \int_{\tau_{i,\ell-1}}^{\tau_{i,\ell}} \varphi_{ij}\left(y_{ti}^*, y_{tj}|\mu_{ti},\mu_{tj},\sigma_i^2,\sigma_j^2,\rho_{ij}\right) dy_{ti}^* \quad \text{für} \quad \ell \geq 1 \tag{4.61}$$

$$P_{tij\ell m} = \int_{\tau_{i,\ell-1}}^{\tau_{i,\ell}} \int_{\tau_{j,m-1}}^{\tau_{j,m}} \varphi_{ij}\left(y_{ti}^*, y_{tj}^*|\mu_{ti},\mu_{tj},\sigma_i^2,\sigma_j^2,\rho_{ij}\right) dy_{tj}^* dy_{ti}^* \tag{4.62}$$
$$\text{für} \quad \ell, m \geq 1$$

Unter Verwendung der in Abschnitt 4.3 definierten Indikatorvariablen $d_{ti\ell}$ und Summationsindizes c_i, C_i etc. erhält man für den verallgemeinerten Kern der bivariaten marginalen Loglikelihoodfunktion (4.4) auf der Basis der bivariaten Dichte der Variablen Y_i und Y_j den Ausdruck

$$\ell_{ij}(\rho_{ij}) = \sum_{t=1}^{T} \sum_{\ell=c_i}^{C_i} \sum_{m=c_j}^{C_j} d_{ti\ell} \cdot d_{tjm} \cdot \ln P_{tij\ell m} \quad . \tag{4.63}$$

Setzt man in (4.63) die zu den Skalenniveaus der Variablen Y_i und Y_j korrespondierenden Indikatorvariablen $d_{ti\ell}$ und d_{tjm} der Abschnitte 4.3.1 bis 4.3.5 ein, so erhält man durch konditionale Maximierung von (4.63) nach ρ_{ij} bei gegebenen $\hat{\delta}_i, \hat{\delta}_j$ eine ganze Klasse von Korrelationskoeffizientenschätzern für beliebige Kombinationen von metrischen, metrisch klassifizierten, ordinalen und ein- bzw. zweiseitig zensierten Variablen. Daher wird dieser verallgemeinerte Koeffizient als polytobiserialer Korrelationskoeffizient bezeichnet.

4.4.2 Die polychorische und polyseriale Korrelation als Spezialfall

Bei der polychorischen und polyserialen Korrelation treten keine exogenen Variablen x_t auf. Somit fällt für beide Koeffizienten der Trendparameter Π fort. Sind beide Variablen Y_i und Y_j ordinal skaliert, so erhält man durch konditionale Maximierung von $\hat{\ell}_{ij}(\rho_{ij})$ nach ρ_{ij} einen Schätzer für den polychorischen Korrelationskoeffizienten (Olsson 1979b). Sind Y_i und Y_j binär, so wird die polychorische Korrelation als tetrachorische Korrelation bezeichnet. Ist Y_i ordinal und Y_j metrisch, so erhält man einen Schätzer für den polyserialen Korrelationskoeffizienten (Olsson, Drasgow & Dorans 1982). Ist Y_i eine binäre Variable und Y_j metrisch skaliert, so wird ρ_{ij} als biserialer Korrelationskoeffizient bezeichnet. Die zusätzliche Konditionierung dieser beiden Korrelationskoeffizienten auf exogene Variablen x_t wurde von Muthén (1984) skizziert.

4.5 Anhang: Die numerische Berechnung des sequentiellen Schätzers

4.5.1 Die numerische Bestimmung der marginalen ML-Schätzer

Die marginalen ML-Schätzer der ersten Stufe lassen sich einheitlich mit Hilfe numerischer Optimierungsverfahren, die im Anhang C kurz dargestellt sind, berechnen. Verfahren wie die modifizierte Fisher Scoring Methode oder das DFP Verfahren benötigen lediglich die ersten Ableitungen der Loglikelihoodfunktion, so daß diese Verfahren am einfachsten zu programmieren sind. Im folgenden werden nur die ersten Ableitungen der Elemente (4.43–4.44) der Loglikelihoodfunktion (4.45) nach $\delta_i = \left(\tau_i^T, \gamma_i, \Pi_{i\cdot}, \sigma_i^2\right)^T$ berechnet, die sich aus folgenden Komponenten zusammensetzt:

$$\frac{\partial \ell_i(\delta_i)}{\partial \delta_i} = \sum_{t=1}^{T} \sum_{\ell=c_i}^{C_i} d_{ti\ell} \cdot \frac{\partial \ln P_{ti\ell}}{\partial \delta_i} \tag{4.64}$$

$$\ln P_{ti0} = \ln \varphi_i\left(y_{ti}|\mu_{ti},\sigma_i^2\right) = -\frac{1}{2}\ln(2\pi) - \frac{1}{2}\ln(\sigma_i^2) - \frac{1}{2}\left(\frac{y_{ti} - \mu_{ti}}{\sigma_i}\right)^2 \tag{4.65}$$

$$\frac{\partial \ln P_{ti0}}{\partial \mu_{ti}} = \frac{y_{ti} - \mu_{ti}}{\sigma_i^2} \tag{4.66}$$

$$\frac{\partial \mu_{ti}}{\partial \gamma_i} = 1, \quad \frac{\partial \mu_{ti}}{\partial \Pi_{i\cdot}^T} = x_t \tag{4.67}$$

$$\frac{\partial \ln P_{ti0}}{\partial \sigma_i^2} = -\frac{1}{2\sigma_i^2}\left(1 - \left(\frac{y_{ti} - \mu_{ti}}{\sigma_i}\right)^2\right) \tag{4.68}$$

$$z_{ti,\ell} = \frac{\tau_{i,\ell} - \mu_{ti}}{\sigma_i}, \quad \varphi(z_{ti,\ell}) = \varphi_i(z_{ti,\ell}|0,1) \tag{4.69}$$

$$\ln P_{ti\ell} = \ln(\Phi(z_{ti,\ell}) - \Phi(z_{ti,\ell-1})) \tag{4.70}$$

$$\frac{\partial \ln P_{ti\ell}}{\partial \delta_i} = \frac{1}{P_{ti\ell}} \left(\varphi(z_{ti,\ell}) \left[\frac{\partial z_{ti,\ell}}{\partial \delta_i}\right] - \varphi(z_{ti,\ell-1}) \left[\frac{\partial z_{ti,\ell-1}}{\partial \delta_i}\right] \right) \tag{4.71}$$

$$\frac{\partial z_{ti,\ell}}{\partial \mu_{ti}} = -(1/\sigma_i), \quad \frac{\partial z_{ti,\ell}}{\partial \tau_{i,\ell}} = 1/\sigma_i \tag{4.72}$$

$$\frac{\partial z_{ti,\ell}}{\partial \sigma_i^2} = -\frac{1}{2}\left(\sigma_i^2\right)^{-3/2}(\tau_{i,\ell} - \mu_{ti}) \tag{4.73}$$

Durch komponentenweises Einsetzen der einzelnen Ableitungen in (4.64) erhält man unter Berücksichtigung der einzelnen Nullsetzungs- und Normierungsrestriktionen der einzelnen Meßrelationen die ersten Ableitungen in vektorieller Form.

4.5.2 Die numerische Bestimmung der polytobiserialen Korrelation

Setzt man in Gleichung (4.63) die Schätzer $\hat{\delta}_i$ und $\hat{\delta}_j$ der ersten Stufe ein, so korrespondiert die Maximierung von $\hat{\ell}_{ij}(\rho_{ij})$ zu einem eindimensionalen Optimierungsproblem, das mit Hilfe der im Anhang C dargestellten Optimierungsverfahren gelöst werden kann. Ein sehr einfach zu programmierendes Verfahren[8] ist die Maximierung von $\hat{\ell}_{ij}(\rho_{ij})$ mit einer modifizierten Regula Falsi, die im Anhang C beschrieben ist. Dieses Verfahren verwendet lediglich die ersten Ableitungen der konditionalen marginalen Loglikelihoodfunktionen (4.63) nach ρ_{ij}, die im folgenden hergeleitet werden.

Als erste Ableitung nach ρ_{ij} erhält man den Ausdruck

$$\frac{\partial \hat{\ell}_{ij}(\rho_{ij})}{\partial \rho_{ij}} = \ell'_{ij}(\rho_{ij}) = \sum_{t=1}^{T} \sum_{\ell=c_i}^{C_i} \sum_{m=c_j}^{C_j} d_{ti\ell} \cdot d_{tjm} \cdot \left.\frac{\partial \ln P_{tij\ell m}}{\partial \rho_{ij}}\right|_{\hat{\delta}_i, \hat{\delta}_j} \tag{4.74}$$

Für die einzelnen Elemente $\ln P_{tij\ell m}$ der Loglikelihoodfunktion erhält man folgende Ableitungen.

---
[8] Für metrische, ordinale und einseitig zensierte Variablen wurde diese Methode von Andreas Schepers (1985) im Rahmen einer Hausarbeit im Fach Ökonometrie an der Universität (GH) Wuppertal programmiert und getestet.

Die Ableitung der stetigen Dichtelemente

Ableiten des Logarithmus von (4.59) unter Berücksichtigung von (4.56–4.57) ergibt:

$$\frac{\partial \ln P_{tij00}}{\partial \rho_{ij}} = \qquad (4.75)$$

$$\frac{\partial}{\partial \rho_{ij}}\left[-\frac{1}{2}\left\{\ln\left(1-\rho_{ij}^2\right) + \left(z_{ti}^2 - 2\rho_{ij}z_{ti}z_{tj} + z_{tj}^2\right)/\left(1-\rho_{ij}^2\right)\right\}\right] =$$

$$\left[\frac{\rho_{ij}}{\left(1-\rho_{ij}^2\right)} + \frac{(z_{ti} \cdot z_{tj})\left(1-\rho_{ij}^2\right) - \left(z_{ti}^2 - 2\rho_{ij}z_{ti}z_{tj} + z_{tj}^2\right)\rho_{ij}}{\left(1-\rho_{ij}^2\right)^2}\right] =$$

$$\frac{\rho_{ij}}{\left(1-\rho_{ij}^2\right)}\left[1 - \frac{\left(z_{ti}^2 - 2\rho_{ij}z_{ti}z_{tj} + z_{tj}^2\right)}{\left(1-\rho_{ij}^2\right)}\right] + \frac{z_{ti}z_{tj}}{\left(1-\rho_{ij}^2\right)}$$

Die Ableitung der gemischt stetig-diskreten Dichteelemente

Zur Berechnung der Ableitung des Logarithmus von (4.61) wird das Dichteelement zunächst auf ein multivariates Normalverteilungsintegral zurückgeführt:

Es gilt:

$$\begin{pmatrix} y_i^\star \\ y_{tj} \end{pmatrix} \sim \mathcal{N}_2\left[\begin{pmatrix} \mu_{ti} \\ \mu_{tj} \end{pmatrix}, \begin{pmatrix} \sigma_i^2 & \rho_{ij}\sigma_i\sigma_j \\ \rho_{ij}\sigma_i\sigma_j & \sigma_j^2 \end{pmatrix}\right] \qquad (4.76)$$

Damit folgt nach Theorem 2.5.1. aus T.W. Anderson (1958, S.29):

$$y_i^\star | y_{tj} \sim \mathcal{N}_1\left(\mu_{ti} + \rho_{ij} \cdot \sigma_i \cdot (y_{tj} - \mu_{tj})/\sigma_j,\ \sigma_i^2\left(1-\rho_{ij}^2\right)\right) \qquad (4.77)$$

$$y_{tj} \sim \mathcal{N}_1\left(\mu_{tj}, \sigma_j^2\right) \qquad (4.78)$$

Damit erhält man unter Verwendung der Definition

$$\kappa_{tj\ell} = \frac{\tau_{j,\ell} - \mu_{tj} - \rho_{ij} \cdot \sigma_i \cdot (y_{tj} - \mu_{tj})/\sigma_j}{\sigma_i \cdot \left(1-\rho_{ij}^2\right)^{1/2}} \qquad (4.79)$$

das Ergebnis

$$P_{tij\ell 0} = [\Phi(\kappa_{tj\ell}) - \Phi(\kappa_{tj,\ell-1})] \, \varphi(y_{tj}|\mu_{tj}, \sigma_j^2) \tag{4.80}$$

Diese Selektionswahrscheinlichkeit läßt sich leicht mit Hilfe der in Anhang C.2.1 dargestellten Hastings-Approximation berechnen.

Zur Berechnung der ersten Ableitung von (4.80) werden die folgenden Hilfsergebnisse verwendet:

$$\frac{\partial}{\partial \rho}(1-\rho^2)^{-1/2} = \frac{\rho}{(1-\rho^2)^{3/2}} \tag{4.81}$$

$$\frac{\partial}{\partial \rho}\left[\rho(1-\rho^2)^{-1/2}\right] = \frac{1}{(1-\rho^2)^{1/2}}\left[1 + \left\{\frac{\rho^2}{(1-\rho^2)}\right\}\right] \tag{4.82}$$

Damit erhält man als erste Ableitung von $\ln P_{tij\ell 0}$ nach ρ_{ij} den Ausdruck

$$\frac{\partial \ln P_{tij\ell 0}}{\partial \rho_{ij}} = \tag{4.83}$$

$$\frac{\varphi(y_{tj}|\mu_{tj},\sigma_j^2)}{P_{tij\ell 0}} \cdot \left[\varphi(\kappa_{tj\ell})\left[\frac{\partial \kappa_{tj\ell}}{\partial \rho_{ij}}\right] - \varphi(\kappa_{tj,\ell-1})\left[\frac{\partial \kappa_{tj,\ell-1}}{\partial \rho_{ij}}\right]\right] =$$

$$\frac{1}{\Phi(\kappa_{tj\ell}) - \Phi(\kappa_{tj,\ell-1})}\left[\varphi(\kappa_{tj\ell})\left[\frac{\partial \kappa_{tj\ell}}{\partial \rho_{ij}}\right] - \varphi(\kappa_{tj,\ell-1})\left[\frac{\partial \kappa_{tj,\ell-1}}{\partial \rho_{ij}}\right]\right]$$

mit

$$\frac{\partial \kappa_{tj\ell}}{\partial \rho_{ij}} = \left[\frac{\tau_{j,\ell}-\mu_{tj}}{\sigma_i}\right]\left[\frac{\partial}{\partial \rho_{ij}}\left\{(1-\rho_{ij}^2)^{-1/2}\right\}\right] - \left[\frac{y_{tj}-\mu_{tj}}{\sigma_j}\right]\left[\frac{\partial}{\partial \rho_{ij}}\left\{\rho_{ij}(1-\rho_{ij}^2)^{-1/2}\right\}\right] \tag{4.84}$$

Der Fall P_{tij0m} wird völlig analog behandelt.

Die Ableitung der diskreten Dichteelemente

Zur Berechnung der Selektionswahrscheinlichkeit $P_{tij\ell m}$ aus Gleichung (4.62) wird unter Verwendung der Definition (4.58) die folgende Zerlegung verwendet:

$$\begin{aligned}P_{tij\ell m} = \ &\Phi_{\rho_{ij}}(z_{ti,\ell}, z_{tj,m}) - \Phi_{\rho_{ij}}(z_{ti,\ell}, z_{tj,m-1}) - \\ &\Phi_{\rho_{ij}}(z_{ti,\ell-1}, z_{tj,m}) + \Phi_{\rho_{ij}}(z_{ti,\ell-1}, z_{tj,m-1})\end{aligned} \tag{4.85}$$

Zur numerischen Berechnung der bivariaten Normalverteilungsintegrale $\Phi_\rho(a,b)$ kann z.B. das im Anhang C.2.2 beschriebene Approximationsverfahren von Owen (1956) verwendet werden. Verwandte Verfahren findet man bei Sowden und Ashford (1969) und Daley (1974). Eine Reihenentwicklung durch orthogonale Polynome findet man bei Divgi (1979). Nach Korollar A.12 aus Anhang A gilt:

$$\frac{\partial \Phi_\rho(a,b)}{\partial \rho} = \varphi(a,b|0,0,1,1,\rho) \equiv \varphi(a,b|\rho) \tag{4.86}$$

Damit erhält man als erste Ableitung des Logarithmus von (4.57) den Ausdruck

$$\frac{\partial \ln P_{tij\ell m}}{\partial \rho_{ij}} = \frac{1}{P_{tij\ell m}} \cdot \tilde{\varphi}_{tij\ell m}(\rho_{ij}) \quad \text{mit} \tag{4.87}$$

$$\begin{aligned}\tilde{\varphi}_{tij\ell m}(\rho_{ij}) &= \varphi_{\rho_{ij}}(z_{ti,\ell}, z_{tj,m}) - \varphi_{\rho_{ij}}(z_{ti,\ell}, z_{tj,m-1}) - \\ &\quad \varphi_{\rho_{ij}}(z_{ti,\ell-1}, z_{tj,m}) + \varphi_{\rho_{ij}}(z_{ti,\ell-1}, z_{tj,m-1})\end{aligned} \tag{4.88}$$

4.5.3 Hinweise zur Berechnung der asymptotischen Kovarianzmatrix

Zur Berechnung des Schätzers $\hat{U}$ der asymptotischen Kovarianzmatrix U^* aus Gleichung (4.39) ist die Berechnung der Schätzer

$$T \cdot \hat{V}\left(\nabla \ell_{[T]}\right) = \sum_{t=1}^{T} \left(\nabla \hat{\ell}_t\right) \cdot \left(\nabla \hat{\ell}_t\right)^T \quad \text{und} \quad \hat{J}_{[T]} \tag{4.89}$$

aus Gleichung (4.32) notwendig. Zur Berechnung der Matrix $\hat{V}\left(\nabla \hat{\ell}_{[T]}\right)$ und zur Berechnung der Hauptdiagonalblöcke von $\hat{J}_{[T]}$ müssen lediglich die oben berechneten ersten Ableitungen der uni- und bivariaten Loglikelihoodfunktionen pro Beobachtung $t = 1, \ldots, T$ in vektorieller Form zusammengefaßt werden. Zur Berechnung der Nebendiagonalblöcke $\hat{J}_{t,3,1}$ und $\hat{J}_{t,3,2}$ müssen jedoch die Funktionen $(\partial \ln P_{tij\ell m}/\partial \rho_{ij})$ aus den Gleichungen (4.75, 4.83, 4.87) zusätzlich nach $\delta_i = \left(\tau_i^T, \gamma_i, \Pi_{i\cdot}, \sigma_i^2\right)^T$ mit Hilfe der Ketten-, Produkt- und Quotientenregel partiell abgeleitet werden. Als Ergebnisse erhält man relativ komplexe und damit schwierig zu programmierende Funktionen[9]. Daher wird für die ohnehin notwendige Testphase dieses Verfahrens eine numerische Differentiation dieser Funktionen mit Hilfe einer einfachen Tangentenapproximation, die im Anhang C.4 dargestellt ist, vorgeschlagen.

---

[9]Olsson, Drasgow und Dorans (1982) schlagen zur Berechnung eines Varianzschätzers des polyserialen Korrelationskoeffizienten aufgrund der Komplexität ebenfalls numerische Verfahren vor.

Eine geringfügige Vereinfachung der numerischen Differentiation läßt sich noch durch die Zerlegung

$$\frac{\partial}{\partial \delta_i}\left(\frac{\partial \ln P_{tijlm}}{\partial \rho_{ij}}\right) = \tag{4.90}$$

$$\left[\frac{\partial}{\partial \tau_i^T}\left(\frac{\partial \ln P_{tijlm}}{\partial \rho_{ij}}\right), \left[\frac{\partial \mu_{ti}}{\partial (\gamma_i, \Pi_{i\cdot})^T}\right] \cdot \frac{\partial}{\partial \mu_{ti}}\left(\frac{\partial \ln P_{tijlm}}{\partial \rho_{ij}}\right), \frac{\partial}{\partial \sigma_i^2}\left(\frac{\partial \ln P_{tijlm}}{\partial \rho_{ij}}\right)\right]$$

erzielen, bei der die Ableitungen des ersten Terms numerisch berechnet werden, während die Ableitung $(\partial \mu_{ti}/\partial (\gamma_i, \Pi_{i\cdot}))$ analytisch durch Einsetzen der Ergebnisse aus Gleichung (4.67) berechnet wird.

Kapitel 5

Verallgemeinerte kleinste Quadrateschätzung der Strukturparameter

Die Strukturparameter ϑ der Schwellenwert-, Mittelwert-, Trend- und Kovarianzstruktur des allgemeinen hierarchischen Kovarianzstrukturmodells werden in einer vierten Stufe durch eine iterative gewichtete kleinste Quadrateschätzung aus den Schätzern $\{\hat{\tau}, \hat{\gamma}, \hat{\Pi}, \hat{\Sigma}\}$ der Parameter der reduzierten Form $\{\tau(\vartheta), \gamma(\vartheta), \Pi(\vartheta), \Sigma(\vartheta)\}$ geschätzt. Nichtlineare Restriktionen können durch Umparametrisierungen und Optimierungsverfahren unter Restriktionen berücksichtigt werden. Konzeptionell basiert diese Vorgehensweise auf klassischer Maximum-Likelihood Theorie unter Restriktionen (Aitchison & Silvey 1958, 1960; Silvey 1959) und einer Adaption der verallgemeinerten kleinsten Quadrate Schätzung (Ferguson 1958) für traditionelle Kovarianzstrukturmodelle (Browne 1977; Jöreskog & Goldberger 1972; S.Y. Lee 1979, 1980, 1981; S.Y. Lee & Bentler 1980; Bentler & S.Y. Lee 1983) auf das hierarchische Mittelwert- und Kovarianzstrukturmodell.

5.1 Iterative gewichtete kleinste Quadrateschätzung unter Restriktionen

Sei $\Theta \subset \mathcal{R}^p$ ein kompakter und konvexer Parameterraum und $\kappa(\vartheta) \sim k \times 1$ die durch ϑ induzierte reduzierte Form, die eine Funktion von Θ nach $\mathcal{R}^k$ darstellt. Sei ϑ^* der wahre, aber unbekannte und damit zu schätzende Parameter und $\hat{\kappa}_T$ ein stark konsistenter Schätzer für $\kappa(\vartheta^*)$ mit

$$\sqrt{T} \cdot (\hat{\kappa}_T - \kappa(\vartheta^*)) \xrightarrow[T \to \infty]{n.V.} \mathcal{N}_k(0, W^*). \tag{5.1}$$

Sei $R(\vartheta)$ eine Funktion von $\mathcal{R}^p$ nach $\mathcal{R}^r$ und $R(\vartheta) = 0$ eine Restriktionsgleichung mit $R(\vartheta^*) = 0$. Minimiert man die quadratische Form[1]

---
[1] Der Normierungsfaktor 2^{-1} wird nur zur Vereinfachung der Ableitungen verwendet.

$$Q_T(\vartheta) = 2^{-1} \cdot (\hat{\kappa}_T - \kappa(\vartheta))^T \hat{W}_T^{-1} (\hat{\kappa}_T - \kappa(\vartheta)) \longrightarrow \min_{\tilde{\Theta}} \qquad (5.2)$$

unter der Restriktion $\vartheta \in \tilde{\Theta} = \Theta \cap \{\vartheta \in \mathcal{R}^p : R(\vartheta) = 0\}$, so erhält man den nichtlinearen gewichteten kleinsten Quadrateschätzer $\hat{\vartheta}_T$. Die Matrix $\hat{W}_T$ ist eine positiv definite Gewichtsmatrix, für die üblicherweise das T−te Element einer stark konsistenten Schätzfolge für W^* eingesetzt wird. Setzt man für $\hat{W}_T$ die Einheitsmatrix I_k ein, so erhält man den ungewichteten kleinsten Quadrateschätzer. Unter relativ allgemeinen Regularitätsbedingungen erhält man durch die Minimierung von (5.2) einen stark konsistenten Schätzer für ϑ^*.

5.2 Asymptotische Eigenschaften der nichtlinearen iterativen kleinsten Quadrateschätzung

Der Beweis zur Existenz und starken Konsistenz des Verfahrens basiert wiederum auf einer Anwendung der asymptotischen Theorie für nichtlineare Regressionsmodelle (Jennrich 1969). Allerdings wurden Elemente der Beweise von Browne (1977, 1984), Shapiro (1983) und S.Y. Lee und Bentler (1980) übernommen. Der Beweis zur asymptotischen Normalität basiert auf den Arbeiten von Aitchison und Silvey (1958) und S.Y. Lee und Bentler (1980).

5.2.1 Annahmen

Sei P_*^∞ das unter der Parametrisierung $\kappa(\vartheta^*)$ induzierte Wahrscheinlichkeitsmaß über $\{Z^\infty, \mathcal{A}(Z^\infty)\}$. Sei $\{\hat{\kappa}_T\}_{T \in \mathcal{N}}$ eine stark konsistente Schätzfolge für $\kappa(\vartheta^*)$ und $\{\hat{W}_T\}_{T \in \mathcal{N}}$ eine stark konsistente Schätzfolge für eine reguläre $k \times k$ Matrix $\tilde{W}_*$. Der wahre Parameter ϑ^* ist ein innerer Punkt von Θ und die reduzierte Form $\kappa(\vartheta)$ ist auf einer Umgebung von ϑ^* stetig differenzierbar. Die Restriktionsfunktion $R(\vartheta)$ sei auf einer Umgebung von ϑ^* stetig differenzierbar.
Notationstechnisch wird festgelegt:

$$\nabla \kappa(\vartheta) = \left(\frac{\partial \kappa(\vartheta)}{\partial \vartheta}\right) \sim p \times k, \quad \nabla R(\vartheta) = \left(\frac{\partial R(\vartheta)}{\partial \vartheta}\right) \sim p \times r \qquad (5.3)$$

$$Q'(\vartheta) = \left(\frac{\partial Q(\vartheta)}{\partial \vartheta}\right) \sim p \times 1 \qquad (5.4)$$

Weiterhin werden folgende Annahmen festgelegt:

1. ϑ^* ist durch die reduzierte Form identifizierbar, d.h., aus $\kappa(\vartheta) = \kappa(\vartheta^*)$ für $\vartheta \in \tilde{\Theta}$ folgt $\vartheta = \vartheta^*$.

2. Die Ableitung $\nabla R(\vartheta) \sim p \times r$ hat an der Stelle ϑ^* den Rang r. Damit überschreitet die Anzahl der Restriktionen r nie die Anzahl der Parameter p.

3. Die Matrix $B(\vartheta) = [\nabla \kappa(\vartheta), \nabla R(\vartheta)] \sim p \times (k+r)$ hat auf einer Umgebung von ϑ^* vollen Zeilenrang[2].

5.2.2 Starke Konsistenz

Die Mengen $\{0\}$ und Θ sind abgeschlossen. Weiterhin sind die Durchschnitte von kompakten Mengen kompakt und Urbilder kompakter Mengen von stetigen Funktionen auch kompakt (Apostol 1974, S. 53, Theorem 3.14 und S. 82, Theorem 4.24). Daher ist der restringierte Parameterraum $\tilde{\Theta}$ auch kompakt. Weiterhin existiert in der Topologie von Θ eine abgeschlossene Umgebung $\overline{U}$ von ϑ^*, auf der $\kappa(\vartheta)$ stetig ist. Sei $w \sim k \cdot (k+1)/2 \times 1$ der Vektor der Elemente der unteren Dreiecksmatrix von W. Damit existiert eine abgeschlossene Umgebung $\overline{K}$ von w^*, auf der W^{-1} eine stetige Funktion von w ist und vollen Rang besitzt[3]. Damit ist $Q(\hat{\kappa}, \vartheta, w) = 2^{-1} \cdot (\hat{\kappa} - \kappa(\vartheta))^T W^{-1} (\hat{\kappa} - \kappa(\vartheta))$ als Funktion auf $\Xi = \kappa(\overline{U}) \times (\overline{U} \cap \tilde{\Theta}) \times \overline{K}$ stetig. Weiterhin sind $\hat{\kappa}_T$ und $\hat{W}_T^{-1}$ stark konsistente Schätzer. Damit folgt P_*^∞ fast sicher: $\hat{\kappa}_T \in \kappa(\overline{U})$ und $\hat{W}_T^{-1} \in \overline{K}$. Damit ist $Q_T(\vartheta) = 2^{-1} \cdot (\hat{\kappa}_T - \kappa(\vartheta))^T \hat{W}_T^{-1} (\hat{\kappa}_T - \kappa(\vartheta))$ für feste $\hat{\kappa}_T$ und $\hat{W}_T^{-1}$ auf $(\overline{U} \cap \tilde{\Theta})$ stetig und für festes $\vartheta \in (\overline{U} \cap \tilde{\Theta})$ eine meßbare Abbildung von Z^∞ nach $\mathcal{R}^1$. Damit folgt nach Lemma A.1, daß P_*^∞ fast sicher eine Abbildung $\hat{\vartheta}_T$ von Z^∞ nach $(\overline{U} \cap \tilde{\Theta})$ existiert, so daß für alle $z \in Z^\infty$ gilt:

$$Q(\hat{\vartheta}_T) = \inf_{\overline{U} \cap \tilde{\Theta}} Q(\vartheta) \tag{5.5}$$

Wegen $\hat{\vartheta}_T \in \tilde{\Theta}$ erfüllt dieser Schätzer auch die Restriktionsgleichung $R(\vartheta) = 0$. Damit ist die P_*^∞ fast sichere Existenz eines lokalen Minimums der quadratischen Form (5.2) bewiesen. Da die Funktion $Q(\hat{\kappa}, \vartheta, w)$ auf Ξ stetig ist, folgt nach Lemma A.8 die P_*^∞ fast sichere Konvergenz

$$(\hat{\kappa}_T - \kappa(\vartheta))^T \hat{W}_T^{-1} (\hat{\kappa}_T - \kappa(\vartheta)) \xrightarrow[T \to \infty]{P_*^\infty f.s.} (\kappa^* - \kappa(\vartheta))\tilde{W}_*^{-1} (\kappa^* - \kappa(\vartheta)). \tag{5.6}$$

Aufgrund von Annahme 2 ist die Aussage $(\kappa^* - \kappa(\vartheta))^T \tilde{W}_*^{-1} (\kappa^* - \kappa(\vartheta)) = 0$ äquivalent zu $\vartheta = \vartheta^*$. Damit hat der rechte Term in (5.6) ein eindeutiges Minimum an der Stelle

---

[2] Besitzt die Matrix $B(\vartheta)$ an der Stelle des restringierten Schätzers $\hat{\vartheta}_T$ vollen Zeilenrang, so erhält man ein Indiz über den lokalen Identifikationsstatus des Modells. Siehe Rothenberg (1971) und McDonald und Krane (1977).

[3] Eine Umkehrmatrix A^{-1} läßt sich über Determinanten als stetige Funktion der Elemente von A darstellen. Ist A_* positiv definit, so existiert eine Umgebung $\overline{U}$ der Elemente der unteren Dreiecksmatrix a^*, so daß A auf $\overline{U}$ auch positiv definit ist.

ϑ^*. Nach Lemma A.6 folgt die P_*^∞ fast sichere Konvergenz von $\hat{\vartheta}_T$ gegen ϑ^*. Damit ist die starke Konsistenz eines lokalen Minimums von (5.2) bewiesen.

5.2.3 Asymptotische Normalität[4]

Nach dem Lagrange-Multiplikatortheorem (Luenberger 1984, Kapitel 10.3) existiert ein Lagrangemultiplikator $\hat{\lambda}_T \in \mathcal{R}^r$ mit

$$Q'\left(\hat{\vartheta}_T\right) + \left[\nabla R\left(\hat{\vartheta}_T\right)\right] \cdot \hat{\lambda}_T = 0 \quad \text{und} \tag{5.7}$$

$$R\left(\hat{\vartheta}_T\right) = 0 \quad . \tag{5.8}$$

Einsetzen der Ableitung $Q'\left(\hat{\vartheta}_T\right)$ in (5.7) ergibt

$$0 = -\nabla\kappa\left(\hat{\vartheta}_T\right) \cdot \hat{W}_T^{-1} \cdot \left[\hat{\kappa}_T - \kappa(\vartheta^*) - \left\{\kappa\left(\hat{\vartheta}_T\right) - \kappa(\vartheta^*)\right\}\right] + \left[\nabla R\left(\hat{\vartheta}_T\right)\right]\hat{\lambda}_T \, . \tag{5.9}$$

Taylorreihenentwicklung von $R\left(\hat{\vartheta}_T\right)$ und $\kappa\left(\hat{\vartheta}_T\right)$ um ϑ^* ergibt unter Berücksichtigung von $R(\vartheta^*) = 0$

$$0 = \left[\nabla R\left(\tilde{\vartheta}\right)\right]^T \cdot \left(\hat{\vartheta}_T - \vartheta^*\right) \quad \text{und} \tag{5.10}$$

$$\kappa(\hat{\vartheta}_T) - \kappa(\vartheta^*) = \left[\nabla\kappa\left(\tilde{\vartheta}\right)\right]^T \cdot (\hat{\vartheta}_T - \vartheta^*). \tag{5.11}$$

Dabei ist $\tilde{\vartheta}$ ein meßbares Element des Liniensegmentes zwischen $\hat{\vartheta}_T$ und ϑ^*. Einsetzen von (5.11) in (5.9) und Zusammenfassen mit (5.10) ergibt

$$\begin{pmatrix} [\nabla\kappa(\hat{\vartheta}_T)]\hat{W}_T^{-1}[\nabla\kappa(\tilde{\vartheta}_T)]^T & [\nabla R(\hat{\vartheta}_T)] \\ [\nabla R(\tilde{\vartheta}_T)]^T & 0 \end{pmatrix} \cdot \begin{pmatrix} \hat{\vartheta}_T - \vartheta^* \\ \hat{\lambda}_T \end{pmatrix} =$$

$$\begin{pmatrix} [\nabla\kappa(\hat{\vartheta}_T)]\hat{W}_T^{-1}(\hat{\kappa}_T - \kappa^*) \\ 0 \end{pmatrix} \tag{5.12}$$

---

[4]Die Ableitung der asymptotischen Kovarianzmatrix beschränkt sich im Gegensatz zum Konsistenzbeweis auf den Fall, daß $\hat{W}_T$ ein konsistenter Schätzer für die asymptotische Kovarianzmatrix von $\sqrt{T} \cdot (\hat{\kappa}_T - \kappa(\vartheta^*))$ ist. Damit gilt der Beweis nur für den nichtlinearen gewichteten kleinsten Quadrateschätzer. Der Beweis läßt sich aber problemlos für andere Gewichtsmatrizen $\tilde{W}$ modifizieren.

Zur Notationsvereinfachung werden die an der Stelle ϑ^* entwickelten Ableitungen mit dem Index * gekennzeichnet. Nun sind $\nabla\kappa(\vartheta)$ und $\nabla R(\vartheta)$ auf einer Umgebung von ϑ^* stetig. Weiterhin sind $\hat{\vartheta}_T$ und $\tilde{\vartheta}$ konsistente Schätzer für ϑ^*. Damit folgt die P_*^∞ fast sichere Konvergenz

$$\nabla\kappa(\hat{\vartheta}_T) \xrightarrow[T \to \infty]{P_*^\infty f.s.} \nabla\kappa^* \quad \text{und} \quad \nabla R(\tilde{\vartheta}) \xrightarrow[T \to \infty]{P_*^\infty f.s.} \nabla R^* \tag{5.13}$$

Damit folgt:

$$\begin{pmatrix} [\nabla\kappa(\hat{\vartheta}_T)]\hat{W}_T^{-1}[\nabla\kappa(\tilde{\vartheta}_T)]^T & [\nabla R(\hat{\vartheta}_T)] \\ [\nabla R(\tilde{\vartheta}_T)]^T & 0 \end{pmatrix}$$

$$\xrightarrow[T \to \infty]{P_*^\infty f.s.}$$

$$\begin{pmatrix} [\nabla\kappa^*]W_*^{-1}[\nabla\kappa^*]^T & (\nabla R^*) \\ (\nabla R^*)^T & 0 \end{pmatrix} \tag{5.14}$$

Weiterhin hat die Matrix B^* vollen Zeilenrang. Damit hat die Matrix

$$K \equiv (\nabla\kappa^*, \nabla R^*) \cdot \begin{pmatrix} W_*^{-1} & 0 \\ 0 & I_r \end{pmatrix} \cdot (\nabla\kappa^*, \nabla R^*)^T$$

$$= [\nabla\kappa^*] \cdot W_*^{-1} \cdot [\nabla\kappa^*]^T + \nabla R^* \cdot \nabla R^{*T} \tag{5.15}$$

den Rang p, da W_* vollen Rang hat. Damit folgt, daß

$$[\nabla\kappa^*] \cdot W_*^{-1} \cdot [\nabla\kappa^*]^T = (I_p, \nabla R^*) \cdot \begin{pmatrix} K & 0 \\ 0 & -I_r \end{pmatrix} \cdot (I_p, \nabla R^*)^T \tag{5.16}$$

vollen Rang besitzt. Nach Annahme 2 hat die Matrix ∇R^* den Rang r. Wegen

$$\begin{vmatrix} A & C \\ B & D \end{vmatrix} = |A| \cdot |D - BA^{-1}C| \tag{5.17}$$

(Rao 1973, S. 32, 2.4) ist die Determinante der unteren Matrix aus (5.14) ungleich Null und somit invertierbar. Damit ist die obere Matrix aus (5.14) P_*^∞ fast sicher invertierbar. Umformen von (5.12) und Einsetzen von (5.1) ergibt

$$\sqrt{T}\begin{pmatrix}\hat{\vartheta}_T-\vartheta^*\\ \hat{\lambda}_T\end{pmatrix}\xrightarrow[T\to\infty]{n.V.}\mathcal{N}_{p+r}\left(0,D_*^{-1}K_*D_*^{-1^T}\right)\quad\text{mit}\tag{5.18}$$

$$K_*=\begin{pmatrix}[\nabla\kappa^*]\cdot W_*^{-1}\cdot[\nabla\kappa^*]^T & 0\\ 0 & 0\end{pmatrix}\quad\text{und}\tag{5.19}$$

$$D_*=\begin{pmatrix}[\nabla\kappa^*]\cdot W_*^{-1}\cdot[\nabla\kappa^*]^T & [\nabla R^*]\\ [\nabla R^*]^T & 0\end{pmatrix}\tag{5.20}$$

Man beachte, daß die linken oberen Blockmatrizen von K_* und D_* übereinstimmen. Anwendung der Inversionsregel für symmetrische partitionierte Matrizen (Rao 1973, S. 33, 2.7)

$$\begin{pmatrix}A & B\\ B^T & D\end{pmatrix}=\begin{pmatrix}A^{-1}+FE^{-1}F^T & -FE^{-1}\\ -E^{-1}F^T & E^{-1}\end{pmatrix}\tag{5.21}$$

mit $E=D-B^TA^{-1}B$ und $F=A^{-1}B$ auf D_* und Ausmultiplizieren der Kovarianzmatrix aus (5.18) ergibt

$$D_*^{-1}\cdot K_*\cdot D_*^{-1^T}=\begin{pmatrix}G_{11} & G_{21}^T\\ G_{21} & G_{22}\end{pmatrix}\quad\text{mit}\tag{5.22}$$

$$A=[\nabla\kappa^*]\cdot W_*^{-1}\cdot[\nabla\kappa^*]^T,\tag{5.23}$$

$$G_{22}=\left([\nabla R^*]^T\cdot A^{-1}\cdot[\nabla R^*]\right)^{-1},\tag{5.24}$$

$$G_{21}=0\quad\text{und}\tag{5.25}$$

$$G_{11}=A^{-1}-A^{-1}\cdot[\nabla R^*]\cdot\left([\nabla R^*]^T\cdot A^{-1}\cdot[\nabla R^*]\right)^{-1}\cdot[\nabla R^*]^T\cdot A^{-1}.\tag{5.26}$$

Marginal erhält man die folgenden asymptotischen Verteilungen:

$$\sqrt{T}\cdot\left(\hat{\vartheta}_T-\vartheta^*\right)\xrightarrow[T\to\infty]{n.V.}\mathcal{N}_p(0,G_{11})\quad\text{und}\tag{5.27}$$

$$\sqrt{T}\cdot\hat{\lambda}_T\xrightarrow[T\to\infty]{n.V.}\mathcal{N}_r(0,G_{22})\ .\tag{5.28}$$

Liegen keine Restriktionen vor, so erhält man als Spezialfall von (5.27) das asymptotische Verteilungsresultat

$$\sqrt{T} \cdot (\hat{\vartheta}_T - \vartheta^*) \xrightarrow[T \to \infty]{n.V.} \mathcal{N}_p \left(0, \left\{[\nabla \kappa^*] \cdot W_*^{-1} \cdot [\nabla \kappa^*]^T\right\}^{-1}\right). \qquad (5.29)$$

5.2.4 Wald und Lagrangemultiplikatortest

Die asymptotische Verteilung (5.28) des Lagrangemultiplikators $\hat{\lambda}_T$ liefert die Grundlage des Lagrangemultiplikatortests (Silvey 1959; Breusch & Pagan 1980; Engle 1984)[5]. Umformen von (5.28) zu einer quadratischen Form und Einsetzen von (5.24) ergibt

$$T \cdot \hat{\lambda}_T^T \cdot [\nabla R^*]^T \cdot A^{-1} \cdot [\nabla R^*] \cdot \hat{\lambda}_T \xrightarrow[T \to \infty]{n.V.} \chi_r^2 \ . \qquad (5.30)$$

Umformung der notwendigen Bedingung (5.7) und Einsetzen der Ableitung $Q'(\hat{\vartheta}_T)$ ergibt

$$\left[\nabla R^*(\hat{\vartheta}_T)\right] \cdot \hat{\lambda}_T = \left[\nabla \kappa(\hat{\vartheta}_T)\right] \cdot \hat{W}_T^{-1} \cdot \left[\hat{\kappa}_T - \kappa(\hat{\vartheta}_T)\right] \ . \qquad (5.31)$$

Einsetzen von (5.31) in (5.30) und Ersetzen von $[\nabla R^*]^T A^{-1} [\nabla R^*]$ durch den stark konsistenten Schätzer

$$\left[\nabla R^*(\hat{\vartheta}_T)\right]^T \cdot \left(\left[\nabla \kappa(\hat{\vartheta}_T)\right] \cdot \hat{W}_T^{-1} \cdot \left[\nabla \kappa(\hat{\vartheta}_T)\right]^T\right)^{-1} \cdot \left[\nabla R^*(\hat{\vartheta}_T)\right] \qquad (5.32)$$

ergibt die Lagrangemultiplikatorstatistik für nichtlineare gewichtete kleinste Quadrateschätzer unter Restriktionen

$$T \cdot \left(\hat{\kappa}_T - \kappa(\hat{\vartheta}_T)\right)^T \hat{W}_T^{-1} \left[\nabla \kappa(\hat{\vartheta}_T)\right]^T \cdot \hat{A}^{-1} \cdot \left[\nabla \kappa(\hat{\vartheta}_T)\right] \hat{W}_T^{-1} \left(\hat{\kappa}_T - \kappa(\hat{\vartheta}_T)\right) \qquad (5.33)$$

mit

$$\hat{A} = \left[\nabla \kappa(\hat{\vartheta}_T)\right] \hat{W}_T^{-1} \left[\nabla \kappa(\hat{\vartheta}_T)\right]^T \qquad (5.34)$$

die unter der H_0-Hypothese $R(\vartheta) = 0$ zentral asymptotisch χ^2 verteilt mit r Freiheitsgraden ist.

---
[5]Bei der Maximum-Likelihood-Schätzung stimmt der Lagrangemultiplikatortest mit dem Scoretest von Rao (1973, S. 417) überein.

Grundlage des Waldtests (Wald 1943) ist die asymptotische Verteilung (5.29) des unrestringierten nichtlinearen gewichteten kleinsten Quadrateschätzers. Unter der H_0-Hypothese $R(\vartheta) = 0$ erhält man unter Verwendung der multivariaten δ-Methode (Serfling 1980, S. 122 und S. 156) das asymptotische Verteilungsresultat

$$\sqrt{T} \cdot R(\hat{\vartheta}_T) \xrightarrow[T \to \infty]{n.V.} \mathcal{N}_r\left(0, [\nabla R^*]^T \left\{[\nabla \kappa^*] W_*^{-1} [\nabla \kappa^*]^T\right\}^{-1} [\nabla R^*]\right) \qquad (5.35)$$

Einsetzen von stark konsistenten Schätzern für die Kovarianz und Umformen in eine quadratische Form ergibt die Waldstatistik

$$T \cdot \left[R(\hat{\vartheta}_T)\right]^T \left\{\left[\nabla R(\hat{\vartheta}_T)\right]^T \left(\left[\nabla \kappa(\hat{\vartheta}_T)\right] \hat{W}_T^{-1} \left[\nabla \kappa(\hat{\vartheta}_T)\right]^T\right)^{-1} \left[\nabla R(\hat{\vartheta}_T)\right]\right\}^{-1} \left[R(\hat{\vartheta}_T)\right]$$

(5.36)

die unter der Gültigkeit der H_0-Hypothese zentral χ^2-verteilt ist mit r Freiheitsgraden. Somit sind der Lagrangemultiplikatortest und der Waldtest asymptotisch äquivalent.

5.3 Iterative gewichtete kleinste Quadrateschätzung für hierarchische Mittelwert- und Kovarianzstrukturmodelle

In diesem Abschnitt wird ein Verfahren zur restringierten Schätzung des nichtlinearen gewichteten kleinsten Quadrateschätzers der Strukturparameter des hierarchischen Mittelwert- und Kovarianzstrukturmodells auf der Basis von Straffunktionsmethoden (Anhang C.1) und Umparametrisierungen vorgeschlagen. Die Verwendung von Straffunktionsverfahren zur Schätzung der Strukturparameter in reinen Kovarianzstrukturmodellen basiert auf den Arbeiten von S.Y. Lee (1979, 1980, 1981) und Bentler und S.Y. Lee (1983), während die Umparametrisierungen McDonald (1978, 1980) entnommen wurden.

5.3.1 Strukturparameter und reduzierte Form

Die Verbindungsfunktion zwischen den Strukturparametern ϑ und den induzierten Parametern $\kappa(\vartheta)$ der reduzierten Form läßt sich durch folgende Komponenten darstellen. Dabei wird folgende Notation verwendet: Seien A und B zwei Matrizen der Ordnung $m \times n$ und $p \times q$, die nicht notwendigerweise bezüglich einer Matrizenoperation miteinander kompatibel sind. Sei $C \sim p \times p$ eine symmetrische Matrix.

$$\text{ver}(A) = (A_{1\cdot}, A_{2\cdot}, \ldots, A_{m\cdot})^T \sim mn \times 1 \qquad (5.37)$$

$$\text{verl}(C) = (C_{11}, C_{21}, C_{22}, C_{31}, C_{32}, C_{33}, \ldots, C_{p1}, \ldots, C_{pp})^T \sim \frac{p(p+1)}{2} \times 1 \tag{5.38}$$

$$\text{verd}\,(C|r+1, p) = (C_{r+1,r+1}, C_{r+2,r+2}, \ldots, C_{pp})^T \sim (p-r) \times 1 \tag{5.39}$$

$$\{A, B\} = \left(\text{ver}(A)^T, \text{ver}(B)^T\right)^T \sim (mn + pq) \times 1 \tag{5.40}$$

Seien $\overline{\kappa}(\vartheta) = \{\tau(\vartheta), \gamma(\vartheta), \Pi(\vartheta), \Sigma(\vartheta)\}$ die Parameter der reduzierten Form und S eine Selektionsmatrix mit der Eigenschaft

$$\text{verl}(\Sigma) = S \cdot \text{ver}(\Sigma). \tag{5.41}$$

Damit läßt sich der Vektor der reduzierten Form $\kappa(\vartheta)$ durch

$$\kappa(\vartheta) = \kappa(\overline{\kappa}(\vartheta)) = \{\tau(\vartheta), \gamma(\vartheta), \Pi(\vartheta), \text{verl}(\Sigma(\vartheta))\} \tag{5.42}$$

als Funktion von $\overline{\kappa}(\vartheta)$ mit symmetrischem Σ darstellen. Seien

$$\omega = \tag{5.43}$$

$$\{\tau(\vartheta), L_1(\vartheta), \ldots, L_I(\vartheta), M_1(\vartheta), \ldots, M_J(\vartheta), N_1(\vartheta), \ldots, N_K(\vartheta), \Omega(\vartheta)\}$$

die multiplikativen Matrizenstrukturparameter aus (2.34-2.36). Damit läßt sich $\overline{\kappa}$ als Funktion $\overline{\kappa}(\omega)$ der Matrizenstrukturparameter ω darstellen. Üblicherweise sind die Elemente der vektorisierten Submatrizen von ω bei einer Standardparametrisierung (siehe Abschnitt 2.4) entweder über Identitäten oder über Inverse parametrisiert. Daher wird die Funktion

$$\omega(\overline{\omega}) = \tag{5.44}$$

$$\{\tau(\overline{\tau}), L_1(\overline{L}_1), \ldots, L_I(\overline{L}_I), M_1(\overline{M}_1), \ldots, M_J(\overline{M}_J), N_1(\overline{N}_1), \ldots, N_K(\overline{N}_K), \Omega(\overline{\Omega})\}$$

mit

$$\overline{L}_i = \left\{ \begin{array}{ll} L_i & \text{falls } L_i \text{ direkt parametrisiert ist} \\ L_i^{-1} & \text{falls } L_i \text{ über die Inverse parametrisiert ist} \end{array} \right\} \text{ etc.} \tag{5.45}$$

und

$$\overline{\omega}(\vartheta) =$$

$$\{\overline{\tau}(\vartheta), \overline{L}_1(\vartheta), \ldots, \overline{L}_I(\vartheta), \overline{M}_1(\vartheta), \ldots, \overline{M}_J(\vartheta), \overline{N}_1(\vartheta), \ldots, \overline{N}_K(\vartheta), \overline{\Omega}(\vartheta)\} \qquad (5.46)$$

zusätzlich eingeführt. Man beachte, daß die inverse Parametrisierung $\overline{L}_i = L_i^{-1}$ etc. nur bei quadratischen und regulären Matrizen möglich und sinnvoll ist. In der Regel korrespondiert die inverse Option zu Matrizen mit der Struktur (2.13). Zusammensetzen der Abbildungen (5.42–5.46) ergibt die Abbildung

$$\kappa(\overline{\kappa}) = \kappa(\overline{\kappa}(\omega)) = \kappa(\overline{\kappa}(\omega(\overline{\omega}))) = \kappa(\overline{\kappa}(\omega(\overline{\omega}(\vartheta)))) \quad , \qquad (5.47)$$

die sich aus den vier Abbildungen

$$\kappa = \kappa(\overline{\kappa}), \quad \overline{\kappa} = \overline{\kappa}(\omega), \quad \omega = \omega(\overline{\omega}) \quad \text{und} \quad \overline{\omega} = \overline{\omega}(\vartheta) \qquad (5.48)$$

zusammensetzt. Normalerweise treten Identitäten und funktionale Abhängigkeiten zwischen den Elementen der Argumente $\overline{\kappa}$, ω, $\overline{\omega}$ und ϑ aufgrund der Modellformulierung (vgl. Gleichung 2.37) auf. Zur Vermeidung von Problemen bei der Anwendung der Kettenregel bei der Differentiation von κ nach ϑ werden Identitätsrestriktionen und funktionale Abhängigkeiten erst in der Abbildung $\overline{\omega} = \overline{\omega}(\vartheta)$ explizit berücksichtigt, während die Variablenargumente $\overline{\omega}$, ω und κ in den Abbildungen (5.48) als mathematisch unabhängig und variabel aufgefaßt werden (siehe Anhang Definition D.2 und Bemerkung D.3). Daher wird der Parameter ϑ im folgenden als Fundamentalparameter bezeichnet.

5.3.2 Parametrisierungen und Parameterrestriktionen

Theoretisch lassen sich die meisten nichtlinearen Parametrisierungen und Parameterrestriktionen durch eine hochgradig nichtlineare Formulierung der Funktionen $\overline{\omega} = \overline{\omega}(\vartheta)$ und $R(\vartheta)$ darstellen. Aufgrund der extrem schwierigen Differentiation von nichtlinearen Funktionen ist die Schätzung derartig allgemeingehaltener Formulierungen numerisch nicht durchführbar. Daher werden in diesem Abschnitt nur einige ausgewählte Umparametrisierungen und Restriktionsfunktionen behandelt. Bei der restringierten Parameterschätzung kann man grob zwischen Fundamentalparameterrestriktionen und Restriktionen der reduzierten Form unterscheiden. Diese Unterscheidung ist allerdings nicht zwingend und scharf. Fundamentalparameterrestriktionen lassen sich in der Regel durch eine Umparametrisierung der Abbildungen $\overline{\omega} = \overline{\omega}(\vartheta)$ eliminieren, während Restriktionen der reduzierten Form meistens durch eine explizite Formulierung einer Restriktionsgleichung $R(\vartheta) = 0$ berücksichtigt werden müssen.

Zur Klasse der Restriktionen der reduzierten Form gehört etwa die Identifikationsrestriktion $\sigma_i^2 = \sigma_{ii} = 1$ für ordinale Meßrelationen $i = r+1, \ldots, n$ aus Abschnitt 2.5.1. Die korrespondierende Restriktionsgleichung $R(\vartheta)$ lautet

$$R(\vartheta) = \text{verd}\,(\Sigma(\vartheta)|r+1, n) - \underline{1} = U \cdot \text{verl}\,(\Sigma(\vartheta)) - \underline{1} = 0 \quad . \qquad (5.49)$$

Dabei ist U eine Selektionsmatrix der Ordnung $(n-r) \times n(n+1)/2$ und $\underline{1}$ ein Einservektor der Dimension $(n-r) \times 1$.

Bei den Fundamentalparametern können unter anderem folgende Parametrisierungen und Restriktionen berücksichtigt werden. Zur Notationsvereinfachung werden die einzelnen Komponenten von $\overline{\omega}$ und ϑ fortlaufend mit $\overline{\omega}_1, \overline{\omega}_2, \overline{\omega}_3, \ldots$ und $\vartheta_1, \vartheta_2, \ldots$ bezeichnet. Die einzelnen Restriktionen und Parametrisierungen können sich natürlich auf beliebige Subvektoren von $\overline{\omega}$ und ϑ beziehen.

1. Identitäten der Form $\overline{\omega}_i = \vartheta_j$ mit unrestringierten ϑ_j.

2. Identitätsrestriktionen der Form $\overline{\omega}_i = c_i$ mit c_i als apriori bekannter Konstanten. Dazu gehören insbesondere Normierungs- und Auschlußrestriktionen mit $c_i = 1$ bzw. $c_i = 0$.

3. Größer-Gleich Restriktionen der Form $\overline{\omega}_i \geq c_i$ mit c_i als Konstante werden durch die Umparametrisierung $\overline{\omega}_i = c_i + \vartheta_j^2$ mit unrestringiertem ϑ_j eliminiert. Diese Umparametrisierung ist unter Umständen zur Elimination von Heywoodlösungen (Harman 1976), bei der negative Varianzen der spezifischen Faktoren bei der Faktorenanalyse auftreten können, zweckmäßig.

4. Wertebereichrestriktionen der Form $\overline{\omega}_i \in (a_i, b_i)$ können durch die Logittransformation (Maddala 1983)

$$\overline{\omega}_i = \frac{a_i + b_i \exp(\vartheta_j)}{1 + \exp(\vartheta_j)} \tag{5.50}$$

mit unrestringiertem ϑ_j eliminiert werden. Wertebereichrestriktionen treten meist aus inhaltlichen Überlegungen auf. Bei der Konsumfunktion wird z.B. der Wertebereich der marginalen Konsumquote auf das Intervall $(0,1)$ restringiert.

5. Ungleichungsrestriktionen der Form $\overline{\omega}_1 \leq \overline{\omega}_2 \leq \overline{\omega}_3 \leq \cdots \leq \overline{\omega}_k$ können durch die Umparametrisierung

$$\overline{\omega}_1 = \vartheta_1, \quad \overline{\omega}_2 = \vartheta_1 + \vartheta_2^2, \quad \ldots, \quad \overline{\omega}_k = \vartheta_1 + \sum_{i=2}^{k} \vartheta_i^2 \tag{5.51}$$

mit unrestringierten $(\vartheta_1, \ldots, \vartheta_k)$ eliminiert werden. Derartige Restriktionen können etwa bei Panelstudien sinnvoll sein, bei denen z.B. mit zunehmendem Zeitabstand abnehmende Korrelationen spezifiziert werden.

6. Lineare Restriktionen der Form

$$\sum_{i=1}^{k} a_i \cdot \overline{\omega}_i = b_j \tag{5.52}$$

können direkt durch die Umparametrisierung

$$\overline{\omega}_i = \vartheta_i, \quad \text{für } i = 1, \ldots, k-1 \quad \text{und} \quad \overline{\omega}_k = \frac{b_j - \sum_{i=1}^{k-1} a_i \cdot \overline{\omega}_i}{a_k} \tag{5.53}$$

mit unrestringierten $(\vartheta_1, \ldots, \vartheta_{k-1})$ eliminiert werden.

Weitere Umparametrisierungen findet man in McDonald (1980).

5.3.3 Numerische Bestimmung des nichtlinearen gewichteten kleinsten Quadrateschätzers unter Restriktionen

Zur numerischen Bestimmung des Schätzers der Strukturparameter ϑ können Straffunktionsverfahren (siehe Anhang C.1.5) verwendet werden, bei denen pro Straffunktionsiteration $k \in \mathcal{N}$ die unrestringierte Funktion

$$Q_T(\vartheta) + \gamma_k \cdot S(\vartheta) \tag{5.54}$$

mit Hilfe von Optimierungsverfahren für unrestringierte Funktionen nach $\vartheta \in \Theta$ minimiert wird. Dabei ist $Q_T(\vartheta)$ die quadratische Form aus (5.2), $\{\gamma_k\}_{k \in \mathcal{N}}$ ist eine streng monoton wachsende Folge in $\mathcal{R}^+$ und $S(\vartheta)$ ist eine Straffunktion mit der Eigenschaft $S(\vartheta) \geq 0$ für alle $\vartheta \in \Theta$ und $S(\vartheta) = 0$ für $\vartheta \in \{\vartheta \in \Theta : R(\vartheta) = 0\}$. Als Straffunktion für Identitätsrestriktionen der Form $R(\vartheta) = 0$ läßt sich z.B.

$$S(\vartheta) = \left(\sum_{i=1}^{r} [R_i(\vartheta)]^2 \right)^{1/2} = \left(R(\vartheta)^T \cdot R(\vartheta) \right)^{1/2} \tag{5.55}$$

verwenden[6]. Als Suboptimierungsverfahren pro Straffunktionsiteration $k \in \mathcal{N}$ kann ein Verfahren zur nichtlinearen Optimierung ohne Restriktionen (siehe Anhang C.1) verwendet werden. Aufgrund der Komplexität des Modells bieten sich dazu Methoden wie das Davidon-Fletcher-Powell Verfahren an, die lediglich die ersten Ableitungen der Suboptimierungsfunktion (5.54) benötigen. Daher werden im folgenden nur die ersten Ableitungen der Elemente von (5.54) angegeben. Bei der Differentiation wird der Matrizendifferentiationsansatz von McDonald und Swaminathan (1973) verwendet, der in Anhang D kurz dargestellt ist.

Nach der Kettenregel (Lemma D.4) gilt:

---

[6] Für Größer-Gleich Restriktionen der Form $R_i(\vartheta) \geq 0$ kann z.B. die Straffunktion

$$S(\vartheta) = \left(\sum_{i=1}^{r} [\max\{0, -R_i(\vartheta)\}] \right)^{1/2}$$

verwendet werden. Allerdings müßte die asymptotische Theorie für diesen Fall modifiziert werden.

$$\frac{\partial Q_T(\vartheta)}{\partial \vartheta} = \frac{\Delta Q_T(\vartheta)}{\Delta \vartheta} = \left[\frac{\Delta \overline{\omega}}{\Delta \vartheta}\right] \cdot \left[\frac{\Delta \omega}{\Delta \overline{\omega}}\right] \cdot \left[\frac{\Delta \overline{\kappa}}{\Delta \omega}\right] \cdot \left[\frac{\Delta \kappa}{\Delta \overline{\kappa}}\right] \cdot \left[\frac{\Delta Q_T}{\Delta \kappa}\right] \quad (5.56)$$

Als Subkomponenten erhält man durch die Anwendung der Produktregeln (Lemma D.5 und Korollare D.9 bis D.11) und der Inversionsregel (Korollar D.12) die Matrizenableitungen

$$\frac{\Delta Q_T}{\Delta \kappa} = - \hat{W}_T^{-1}\left(\hat{\kappa}_T - \kappa(\vartheta)\right) \quad (5.57)$$

$$\frac{\Delta \kappa}{\Delta \overline{\kappa}} = \frac{\Delta\{\tau, \gamma, \Pi, \text{verl}(\Sigma)\}}{\Delta\{\tau, \gamma, \Pi, \Sigma\}} \quad \text{mit} \quad (5.58)$$

$$\frac{\Delta\{\text{verl}(\Sigma)\}}{\Delta\{\Sigma\}} = \frac{\partial [S \cdot \text{ver}(\Sigma)]^T}{\partial [\text{ver}(\Sigma)]} = S^T \quad (5.59)$$

$$\frac{\Delta \overline{\kappa}}{\Delta \omega} = \frac{\Delta\{\tau, \gamma, \Pi, \Sigma\}}{\Delta\{\tau, L_1, \ldots, L_I, M_1, \ldots, M_J, N_1, \ldots, N_K, \Omega\}} \quad \text{mit} \quad (5.60)$$

$$\frac{\Delta\{\tau\}}{\{L_i, M_j, N_k, \Omega\}} = 0, \quad \frac{\Delta \tau}{\Delta \tau} = I, \quad (5.61)$$

$$\frac{\Delta\{\gamma\}}{\{\tau, M_i, N_j, \Omega\}} = 0, \quad \frac{\Delta\{\gamma\}}{\Delta\{L_i\}} = \left(\prod_{\ell=1}^{i-1} L_\ell\right)^T \otimes \left(\prod_{\ell=i+1}^{I} L_\ell\right) \quad (5.62)$$

$$\frac{\Delta\{\Pi\}}{\{\tau, L_i, N_j, \Omega\}} = 0 \quad \frac{\Delta\{\Pi\}}{\Delta\{M_j\}} = \left(\prod_{\ell=1}^{j-1} M_\ell\right)^T \otimes \left(\prod_{\ell=j+1}^{J} M_\ell\right) \quad (5.63)$$

$$\frac{\Delta\{\Sigma\}}{\Delta\{\tau, L_i, M_j\}} = 0, \quad \frac{\Delta\{\Sigma\}}{\Delta\{\Omega\}} = \left(\prod_{k=1}^{K} N_k\right)^T \otimes \left(\prod_{k=1}^{K} N_k\right)^T \quad (5.64)$$

$$\frac{\Delta\{\Sigma\}}{\Delta\{N_k\}} = \left(\prod_{i=1}^{k-1} N_i\right)^T \otimes \left[\left(\prod_{i=k+1}^{K} N_i\right) \Omega \left(\prod_{i=1}^{K} N_i\right)^T\right] (I + E) \quad (5.65)$$

Unter Verwendung der Notation

$$\omega = \{U_\ell\}_{\ell=1,\ldots,I+J+K+2} = \{U_1, \ldots, U_{I+J+K+2}\} = \quad (5.66)$$

$$\{\tau, L_1, \ldots, L_I, M_1, \ldots, M_J, N_1, \ldots, N_K, \Omega\}$$

erhält man als Submatrizen von $\Delta\omega/\Delta\overline{\omega}$

$$\frac{\Delta U_\ell}{\Delta \overline{U}_\ell} = \qquad (5.67)$$

$$\begin{cases} -\left(U^{-1^T} \otimes U^{-1}\right) & \text{für } \ell = \ell', \text{ falls } U_\ell \text{ über Inverse parametrisiert} \\ I & \text{für } \ell = \ell', \text{ falls } U_\ell \text{ direkt parametrisiert ist} \\ 0 & \text{für } \ell \neq \ell' \end{cases}$$

Die einzelnen Elemente der Submatrizen

$$\overline{\omega} = (\overline{\omega}_1, \ldots, \overline{\omega}_q)^T = \{\overline{U}_1, \ldots, \overline{U}_{I+J+K+2}\} \qquad (5.68)$$

stellen Funktionen des Fundamentalparameters $\vartheta = (\vartheta_1, \ldots, \vartheta_p)^T$ dar und müssen komponentenweise nach ϑ_i abgeleitet werden. Für die Parametrisierung aus Abschnitt 5.3.2 erhält man folgende Ableitungen:

$$\overline{\omega}_i = \vartheta_j \quad \text{mit} \quad \frac{\partial \overline{\omega}_i}{\partial \vartheta_j} = 1 \qquad (5.69)$$

$$\overline{\omega}_i = c_i \quad \text{mit} \quad \frac{\partial \overline{\omega}_i}{\partial \vartheta_j} = 0 \qquad (5.70)$$

$$\overline{\omega}_i = c_i + \vartheta_j^2 \quad \text{mit} \quad \frac{\partial \overline{\omega}_i}{\partial \vartheta_j} = 2 \cdot \vartheta_j \qquad (5.71)$$

$$\overline{\omega}_i = \frac{a_i + b_i \exp(\vartheta_j)}{1 + \exp(\vartheta_j)} \quad \text{mit} \quad \frac{\partial \overline{\omega}_i}{\partial \vartheta_j} = \frac{(b_i - a_i) \cdot \exp(\vartheta_j)}{[1 + \exp(\vartheta_j)]^2} \qquad (5.72)$$

$$\overline{\omega}_1 = \vartheta_1, \quad \overline{\omega}_2 = \vartheta_1 + \vartheta_2^2, \quad \ldots, \quad \overline{\omega}_k = \vartheta_1 + \sum_{i=2}^{k} \vartheta_i^2 \quad \text{mit} \qquad (5.73)$$

$$\frac{\partial \overline{\omega}_k}{\partial \vartheta_\ell} = \begin{cases} 1 & \text{für } k \geq \ell = 1 \\ 2 \cdot \vartheta_\ell & \text{für } k \geq \ell \neq 1 \\ 0 & \text{für } k < \ell \end{cases}$$

$$\overline{\omega}_i = \vartheta_i \quad \text{für } i = 1, \ldots, k-1 \quad \text{und} \quad \overline{\omega}_k = \frac{b_j - \sum_{i=1}^{k-1} a_i \cdot \overline{\omega}_i}{a_k} \quad \text{mit} \qquad (5.74)$$

$$\frac{\partial \overline{\omega}_i}{\partial \vartheta_i} = 1 \quad \text{für} \quad i = 1,\ldots, k-1 \quad \text{und} \quad \frac{\partial \overline{\omega}_k}{\partial \vartheta_i} = -(a_i/a_k) \qquad (5.75)$$

Durch Einsetzen der Ableitungen (5.57–5.75) in (5.56) erhält man die erste Ableitung der nichtlinearen quadratischen Form $Q_T(\vartheta)$ nach ϑ. Allerdings benötigt man zur Anwendung eines Straffunktionsverfahrens zusätzlich die Ableitung der Restriktion $R(\vartheta)$ nach ϑ, die natürlich von der gewählten Restriktionsstruktur abhängt. Daher werden im folgenden lediglich die Ableitungen der Straffunktion $S(\vartheta) = S(R(\vartheta))$ und der Identifikationsrestriktion (5.49) angegeben.

$$\frac{\Delta S(\vartheta)}{\Delta \vartheta} = \left[\frac{\Delta R(\vartheta)}{\Delta \vartheta}\right] \cdot \left[\frac{\Delta S(R)}{\Delta R}\right] \quad \text{mit} \qquad (5.76)$$

$$\frac{\Delta S(R)}{\Delta R} = \left[R(\vartheta)^T \cdot R(\vartheta)\right]^{-1/2} \cdot R(\vartheta) \qquad (5.77)$$

$$\frac{\Delta R(\vartheta)}{\Delta \vartheta} = \frac{\Delta \left(\text{verd}(\Sigma(\vartheta)|r+1,n)\right) - 1}{\Delta \vartheta} = \qquad (5.78)$$

$$\frac{\Delta \left[U \cdot \text{ver}(\Sigma(\vartheta))\right]}{\Delta \vartheta} = \frac{\Delta \Sigma(\vartheta)}{\Delta \vartheta} \cdot U^T$$

Die Elemente von $\Delta \Sigma / \Delta \vartheta$ in (5.78) erhält man durch Einsetzen der korrespondierenden Submatrizen aus (5.57–5.75).

Ein relativ einfaches Optimierungsverfahren ist die Gauss-Newton-Methode (siehe Anhang C.1.4), die sich durch Abänderung der Straffunktion (5.55) zu

$$S(\vartheta) = \left[R(\vartheta)^T \cdot R(\vartheta)\right] \qquad (5.79)$$

direkt auf die modifizierte quadratische Form

$$\tilde{Q}_T = (\hat{\kappa}_T - \kappa(\vartheta))^T \hat{W}^{-1} (\hat{\kappa}_T - \kappa(\vartheta)) + \gamma_k \cdot S(\vartheta) = \qquad (5.80)$$

$$\left\{\begin{pmatrix}\hat{\kappa}_T \\ 0\end{pmatrix} - \begin{pmatrix}\kappa(\vartheta) \\ R(\vartheta)\end{pmatrix}\right\}^T \cdot \begin{pmatrix}\hat{W}_T & 0 \\ 0 & \gamma_k \cdot I_r\end{pmatrix}^{-1} \cdot \left\{\begin{pmatrix}\hat{\kappa}_T \\ 0\end{pmatrix} - \begin{pmatrix}\kappa(\vartheta) \\ R(\vartheta)\end{pmatrix}\right\}$$

anwenden läßt.

Kapitel 6

Simultane Analyse mehrerer Populationen

In diesem Kapitel wird kurz eine Verallgemeinerung des hierarchischen Mittelwert- und Kovarianzstrukturmodells aus Kapitel 2 in Analogie zur metrischen und dichotomen Faktorenanalyse (Jöreskog 1971; Muthén & Christoffersson 1981) zur simultanen Analyse mehrerer Populationen skizziert. Damit läßt sich neben der metrischen und dichotomen Faktorenanalyse auch das gruppenspezifische LISREL Modell mit metrischen (Sörbom 1974, 1978, 1982) und ordinalen (Muthén 1984; Muthén & Speckart 1985) endogenen Variablen in das verallgemeinerte Modell integrieren.

6.1 Modellmodifikation und Schätzung

Gegeben seien G Gruppen, die entweder verschiedene Grundpopulationen oder disjunkte, nach einem polytomen Merkmal partitionierte Subpopulationen einer Grundgesamtheit repräsentieren. Innerhalb jeder Gruppe $g = 1,\ldots,G$ wird eine Stichprobe $\left\{Y_t^{(g)}, x_t^{(g)}\right\}_{t=1,\ldots,T^{(g)}}$ vom Umfang $T^{(g)}$ beobachtet. Die Elemente $Y_{ti}^{(g)}$ des Vektors $Y_t^{(g)}$ bestehen aus metrischen, ordinalen und zensierten Variablen, die über eine zusammengesetzte Meßrelation der Form

$$Y_{ti}^{(g)} = c_i\left(Y_{ti}^{\star(g)}, \tau_i^{(g)}\right) \tag{6.1}$$

mit einer gruppenspezifischen latenten Variablen $Y_{ti}^{\star(g)}$ verknüpft werden. Für jede Gruppe wird ein hierarchisches Modell formuliert, so daß man für die Parameter $\left\{\tau^{(g)}, \gamma^{(g)}, \Pi^{(g)}, \Sigma^{(g)}\right\}$ der reduzierten Form gruppenspezifische multiplikative Parametrisierungen der Form

$$\gamma^{(g)}(\vartheta) = \prod_{i=1}^{I} L_i^{(g)} \tag{6.2}$$

$$\Pi^{(g)}(\vartheta) = \prod_{j=1}^{J} M_j^{(g)} \tag{6.3}$$

$$\Sigma^{(g)}(\vartheta) = \left(\prod_{k=1}^{K} N_k^{(g)}\right) \Omega^{(g)} \left(\prod_{k=1}^{K} N_k^{(g)}\right)^T \qquad (6.4)$$

erhält. Parametrisiert man ein gruppenspezifisches Modell analog zu (5.48) durch eine Verknüpfung der Abbildungen

$$\kappa^{(g)} = \kappa^{(g)}(\overline{\kappa}^{(g)}), \quad \overline{\kappa}^{(g)} = \overline{\kappa}^{(g)}(\omega^{(g)}), \qquad (6.5)$$

$$\omega^{(g)} = \omega^{(g)}(\overline{\omega}^{(g)}) \quad \text{und} \quad \overline{\omega}^{(g)} = \overline{\omega}^{(g)}(\vartheta) \qquad (6.6)$$

durch einen einzigen Fundamentalparameter ϑ, so lassen sich gruppeninvariante Parametermatrizen in der multiplikativen Parametrisierung

$$\{\tau^{(g)}, L_1^{(g)}, \ldots, L_I^{(g)}, M_1^{(g)}, \ldots, M_J^{(g)}, N_1^{(g)}, \ldots, N_K^{(g)}, \Omega^{(g)}\}$$

durch Identitätsrestriktionen in der Abbildung $\overline{\omega}^{(g)} = \overline{\omega}^{(g)}(\vartheta)$ berücksichtigen. Die Parameter $\kappa^{(g)}$ und $W^{(g)}$ der reduzierten Form einer Gruppe $g = 1, \ldots, G$ werden durch eine getrennte Anwendung des in Kapitel 4 beschriebenen Sequentialschätzverfahrens pro Subpopulation $g = 1, \ldots, G$ geschätzt. Anschließend werden die Fundamentalparameter ϑ durch die Minimierung des additiven Funktionals

$$Q_T(\vartheta) = 2^{-1} \cdot \sum_{g=1}^{G} \left(\hat{\kappa}_T^{(g)} - \kappa^{(g)}(\vartheta)\right)^T \cdot \widehat{W}_T^{(g)^{-1}} \cdot \left(\hat{\kappa}_T^{(g)} - \kappa^{(g)}(\vartheta)\right) \underset{\tilde{\Theta}}{\longrightarrow} \min \qquad (6.7)$$

unter der Restriktion $\vartheta \in \{\vartheta \in \Theta : R(\vartheta) = 0\}$ geschätzt. Diese Vorgehensweise ist allerdings nur dann zulässig, wenn die Stichprobenziehung innerhalb jeder Subpopulation nach dem Zufallsprinzip erfolgt und die Subpopulationen apriori vor der Erhebung der Daten festgelegt wurden.

6.2 Modelltheoretische Spezialfälle der simultanen Analyse mehrerer Populationen

In diesem Abschnitt werden zwei modelltheoretische Spezialfälle des hierarchischen Mittelwert- und Kovarianzstrukturmodells im Rahmen der simultanen Analyse mehrerer Populationen dargestellt. Diese Spezialfälle korrespondieren zu einem Mittelwert- und Trendmodell und einem Kovarianzstrukturmodell.

6.2.1 Die Analyse polynomialer Wachstumskurven

Die in Abschnitt 3.1.2 dargestellte gruppenspezifische Wachstumskurvenanalyse von Potthoff und Roy (1964) läßt sich über folgende Parametrisierung als gruppenspezifisches Mittelwertmodell formulieren:

$$Y^{(g)} = \eta_0^{(g)} = L_1 L_2^{(g)} + \epsilon \quad \text{mit} \tag{6.8}$$

$$L_2^{(g)} = \left(\xi_0^{(g)}, \xi_1^{(g)}, \ldots, \xi_{\ell-1}^{(g)}\right)^T \tag{6.9}$$

Die gruppenspezifischen Koeffizienten $\left(\xi_j^{(g)}\right)_{j=0,\ldots,\ell-1}$ stimmen mit den Polynomialkoeffizienten aus Gleichung (3.3) überein. Die Matrix L_1 stimmt mit der Designmatrix M_1 aus Gleichung (3.7) überein. L_1 entspricht M_1 aus (3.7).

6.2.2 Simultane Faktorenanalyse mehrerer Populationen

Das allgemeine Modell der Faktorenanalyse erster Ordnung in G Populationen (Gruppen) lautet

$$Y^{*(g)} = \eta_0^{(g)} = \mu_1^{(g)} + \Lambda_1^{(g)} \eta_1^{(g)} + \epsilon_1^{(g)} \tag{6.10}$$

$$\eta_1^{(g)} = \mu_2^{(g)} + \epsilon_2^{(g)} \tag{6.11}$$

mit $Y^{*(g)} \sim n \times 1$, $\Lambda_1^{(g)} \sim n \times n_1$ und $V\left(\epsilon_h^{(g)}\right) = \Omega_h^{(g)}$. Bei der metrischen Faktorenanalyse mehrerer Populationen (Jöreskog 1971; Sörbom 1974) wird die metrische Meßrelation $Y^{(g)} = Y^{*(g)}$ verwendet. Die Parameter $\mu_2^{(g)}$ und $\Omega_2^{(g)}$ charakterisieren gruppenspezifische Faktorräume, während $\mu_1^{(g)}$ gruppenspezifische Meßniveaus beschreibt. Jöreskog's (1971) Modell ist ein Spezialfall mit gruppeninvarianten Faktorniveaus $\mu_2^{(g)} = 0$. Treten keine Parameterrestriktionen zwischen den einzelnen Modellen $g = 1, \ldots, G$ auf, so kann jede Gruppe getrennt analysiert werden. Häufig unterstellt man jedoch gruppeninvariante Faktorladungsmatrizen $\left(\Lambda_1^{(g)} = \Lambda_1; g = 1, \ldots, G\right)$, da in der Regel die gleichen Meßinstrumente (Testbatterien) bei allen Gruppen verwendet werden. Siehe auch Meredith (1964), der gruppeninvariante Faktorladungsmatrizen über Subpopulationsselektionsmechanismen ableitet. Damit lautet das Modell

$$Y^{*(g)} = \eta_0^{(g)} = \mu_1^{(g)} + \Lambda_1 \eta_1^{(g)} + \epsilon_1^{(g)} \tag{6.12}$$

$$\eta_1^{(g)} = \mu_2^{(g)} + \epsilon_2^{(g)} \tag{6.13}$$

Neben den Identifikationsproblemen der klassischen Faktorenanalyse treten in diesem Modell Lageprobleme durch

$$E\left(Y^{*(g)}\right) = \Lambda_1 \mu_2^{(g)} + \mu_1^{(g)} = \Lambda_1 \cdot \left(\mu_2^{(g)} + c\right) + \left(\mu_1^{(g)} - \Lambda_1^{(g)} \cdot c\right) \tag{6.14}$$

mit $c \in \mathcal{R}^{n_1}$ auf, die durch die Restriktion $\mu_2^{(1)} = 0$ (Referenzgruppe $g = 1$) eliminiert werden können. Sörbom (1974) verwendet eine Identifikationsrestriktion, die in Analogie zu zentrierten Effekten der Varianzanalyse (Bock 1975) formuliert wurde.

Bei der dichotomen Faktorenanalyse (Muthén & Christoffersson 1981) wird die binäre Meßrelation

$$Y_i^{(g)} = \left\{ \begin{array}{ll} 1 & \text{falls } Y_i^{*(g)} < \tau_i^{(g)} \\ 2 & \text{falls } Y_i^{*(g)} \geq \tau_i^{(g)} \end{array} \right\} \tag{6.15}$$

mit gruppenspezifischen Schwellenwerten $\left(\tau_1^{(g)}, \ldots, \tau_n^{(g)}\right)$ verwendet und die Matrix $\Omega_1^{(g)}$ als Diagonalmatrix festgelegt. Da der Lageparameter $\mu_1^{(g)}$ bei dichotomen Variablen offensichtlich nicht identifiziert ist, führt man die Restriktion $\mu_1^{(g)} = 0$ für $g = 1, \ldots, G$ ein. Völlig analog zur metrischen Faktorenanalyse mehrerer Populationen läßt sich ein meßparameterinvariantes Modell durch

$$\tau^{(g)} = \tau \quad \text{und} \quad \Lambda_1^{(g)} = \Lambda_1 \quad \text{für alle} \quad g = 1, \ldots, G \tag{6.16}$$

spezifizieren. Dieses Modell impliziert die Mittelwert- und Kovarianzstruktur

$$E\left(Y^{*(g)}\right) = \gamma^{(g)} = \Lambda_1 \mu_2^{(g)} \tag{6.17}$$

$$V\left(Y^{*(g)}\right) = \Sigma^{(g)} = \Lambda_1 \Omega_2^{(g)} \Lambda_1^T + \Omega_1^{(g)} \tag{6.18}$$

Offensichtlich sind nur die Parameter

$$\Delta_\Sigma^{(g)} \cdot \left(\tau - \gamma^{(g)}\right) \quad \text{und} \quad \Delta_\Sigma^{(g)} \cdot \left(\Lambda_1 \Omega_2^{(g)} \Lambda_1^T + \Omega_1^{(g)}\right) \cdot \Delta_\Sigma^{(g)} \quad \text{mit} \tag{6.19}$$

$$\Delta_\Sigma^{(g)} = \left(\text{diag}(\Sigma^{(g)})\right)^{-1/2}$$

identifiziert, da zwischen ordinalen Variablen nur die Korrelationen — nicht aber die Kovarianzen — identifiziert sind. Vergleiche Abschnitt 2.5 . Daher legt man durch die Restriktion $\gamma^{(1)} = 0$ und $\text{diag}(\Sigma^{(1)}) = I_n$ die erste Gruppe als Referenzkategorie fest. Bei der Strukturparameterschätzung werden diese Restriktionen durch

$$\gamma^{(1)} = 0 \quad \text{und} \quad \Omega_1^{(1)} = I_n - \text{diag}\left\{\Lambda_1 \Omega_2^{(1)} \Lambda_1^T\right\} \tag{6.20}$$

berücksichtigt. Zur Identifikation der Strukturparameter

$$\vartheta = \left\{\tau, \Lambda_1, \Omega_1^{(1)}, \ldots, \Omega_1^{(G)}, \Omega_2^{(1)}, \ldots, \Omega_2^{(G)}\right\} \tag{6.21}$$

sind natürlich genauso wie bei der metrischen Faktorenanalyse zusätzliche Restriktionen erforderlich. Allgemeine Identifikationsansätze sind bisher nicht bekannt. Kleinere Modelle lassen sich jedoch algebraisch identifizieren.

Ein verallgemeinertes LISREL Modell (vgl. Abschnitt 3.3.2) mit zwei Experimentalgruppen findet man in Muthén und Speckart (1985).

Kapitel 7

Schlußbemerkungen und ungelöste Probleme

Die Formulierung von hierarchischen Mittelwert-, Trend- und Kovarianzstrukturen mit Schwellenwertmeßrelationen durch multiplikative Parametrisierungen ermöglicht die theoretische Integration zahlreicher Mittelwert- und Kovarianzstrukturmodelle durch eine einheitliche Formulierung, die die Anwendung einer einheitlichen Schätzmethodologie erlaubt. Allerdings sind zahlreiche Lücken vorhanden, die die extensive und routinemäßige Anwendung des Verfahrens zur Zeit verhindern.

Aufgaben für zukünftige Arbeiten entstehen durch folgende Probleme:

- Die Identifizierbarkeit der Kovarianzstrukturparameter der reduzierten Form muß nachgewiesen werden.

- Regeln zur Identifikation der Strukturparameter des allgemeinen Modells sind nicht bekannt. Daher müssen zumindest für die wichtigsten Submodelle (z.B. für das verallgemeinerte LISREL Modell von Muthén 1984) praktikable Identifikationsregeln und Identifikationssätze gefunden werden. Allerdings existieren bis heute nur relativ wenige Arbeiten (vgl. Dupačová & Wold 1982) über das Identifikationsproblem im Rahmen von Kovarianzstrukturmodellen.

- Ebenso schwierig ist eine parametersparende und dennoch klar interpretierbare Parametrisierung für inhaltlich sinnvolle Submodelle, bei der auch Parameterrestriktionen (z.B. für Kovarianzrestriktionen der Form $\sigma_i^2 = 1$) geeignet berücksichtigt werden.

- Für die vorgeschlagenen numerischen Verfahren sind keine Konvergenzbeweise geführt worden. Daher ist die praktische Funktionsfähigkeit der vorgeschlagenen Methoden noch offen, so daß zumindest eine Simulationsstudie notwendig ist. Außerdem müssen geeignete Startwertroutinen sowie Verfahren zur Manipulation schwach besetzter Matrizen konstruiert werden. Zur Verbesserung der langsamen Konvergenz von Straffunktionsverfahren müssen alternative Optimierungsverfahren unter Restriktionen sowie weitere Umparametrisierungsverfahren untersucht werden.

- Praktische Erfahrungen durch die exemplarische Analyse einiger Datensätze konnten bisher nicht gesammelt werden, da das Verfahren bis auf die ersten beiden Stufen (Schepers 1985) noch nicht programmiert wurde. Allerdings sind bisher einige Submodelle wie z.B. das LISREL Modell (Jöreskog & Sörbom 1986) und das COSAN Modell (Fraser (ohne Jahresangabe)) erfolgreich programmiert worden. Zur Berechnung des polyserialen und des polychorischen Korrelationskoeffizienten steht das Programmpaket PRELIS (Jöreskog & Sörbom 1986) zur Verfügung, mit dem auch Korrelationskoeffizienten mit zensierten Variablen über das Konzept der Faktorwerte (Bartholomew 1981) berechnet werden können. Exogene Variablen können mit diesem Programm aber nicht berücksichtigt werden.

Anhang A

Wahrscheinlichkeitstheoretische Hilfssätze

Dieser Anhang beinhaltet einige Hilfssätze der Maß- und Wahrscheinlichkeitstheorie, die größtenteils innerhalb der asymptotischen Theorie in den Kapiteln 4 und 5 verwendet werden und die nicht zum Standardrepertoire der Ökonometrie gehören. Detaillierte Beweise der zitierten Sätze sind auf Anfrage beim Autor erhältlich.

Lemma A.1 *(Jennrich 1969, Lemma 2, S. 637). Sei Θ eine kompakte Teilmenge des R^k und Z ein Element der Borelschen Menge B^n. Sei $f(\vartheta, z)$ eine reellwertige Funktion auf $\Theta \times Z$, die für festes $\vartheta \in \Theta$ meßbar[1] und für festes $z \in Z$ stetig auf Θ ist. Dann existiert eine meßbare Abbildung $\hat{\vartheta}$ von Z nach Θ, so daß für alle $z \in Z$ gilt:*

$$f\left(\hat{\vartheta}(z), z\right) = \sup_{\Theta} f(\vartheta, z)$$

Lemma A.2 *(Satz von Taylor für Zufallsfunktionen; Jennrich 1969, Lemma 3, S. 638). Sei Θ eine konvexe und kompakte Teilmenge des R^k und Z ein Element der Borelschen Menge B^n. Sei $f(\vartheta, z)$ eine reellwertige Funktion auf $\Theta \times Z$, die für festes $\vartheta \in \Theta$ meßbar und für festes $z \in Z$ stetig differenzierbar auf Θ ist. Weiterhin seien ϑ_1 und ϑ_2 zwei meßbare Funktionen von Z nach Θ. Dann existiert eine meßbare Abbildung $\tilde{\vartheta}$ von Z nach Θ, so daß für alle $z \in Z$ gilt:*

1. $f(\vartheta_1(z), z) - f(\vartheta_2(z), z) = \left(\left.\frac{\partial f(\vartheta, z)}{\partial \vartheta}\right|_{\vartheta = \tilde{\vartheta}}\right)^T [\vartheta_1(z) - \vartheta_2(z)]$

2. *$\tilde{\vartheta}(z)$ ist ein Element des Liniensegments*

   $$L(z) \equiv \{\vartheta \in \Theta : \vartheta = t \cdot \vartheta_1(z) + (1-t) \cdot \vartheta_2(z) \; für \; t \in [0,1]\}$$

   zwischen ϑ_1 und ϑ_2.

---

[1] Sei B^k die Borelsche Menge über R^k und $\{Z, A(Z)\}$ ein Meßraum. Eine Funktion $f(z)$ von Z nach dem R^k heißt meßbar, wenn für alle $B \in B^k$ gilt: $f^{-1}(B) \in A(Z)$. Die Meßbarkeit einer Funktion sichert die Existenz von induzierten Wahrscheinlichkeitsmaßen.

Definition A.3 *Sei $\{Z, A(Z), P\}$ ein Wahrscheinlichkeitsraum und $\{f_T(\vartheta, z)\}_{T \in \mathcal{N}}$ eine Folge von meßbaren Funktionen von $\Theta \times Z$ nach $\mathcal{R}^k$. Sei $f(\vartheta)$ eine Funktion von Θ nach $\mathcal{R}^k$. Die Folge $f_T(\vartheta, z)$ konvergiert P-fast sicher gleichmäßig in Θ gegen $f(\vartheta)$, wenn gilt:*

1. *Für alle $T \in \mathcal{N}$ ist $\sup_\Theta |f_T(\vartheta, z) - f(\vartheta)|$ meßbar.*

2. $P\left(\lim_{T \to \infty} \sup_\Theta |f_T(\vartheta, z) - f(\vartheta)| = 0\right) = 1$

Lemma A.4 *(Mickey et al. 1963, zitiert nach Jennrich 1969, Theorem 2, S. 636). Sei Θ eine kompakte Teilmenge des $\mathcal{R}^k$ und Z ein Element der Borelschen Menge $\mathcal{B}^n$. Sei g eine reellwertige Funktion auf $\Theta \times Z$, die für festes $\vartheta \in \Theta$ meßbar und für festes $z \in Z$ stetig auf Θ ist. Sei $\{Z, A(Z), P\}$ ein Wahrscheinlichkeitsraum und $\alpha(z)$ eine P-integrable Abbildung von Z nach $\mathcal{R}$, für die gilt: $|g(\vartheta, z)| \leq \alpha(z)$ für alle $z \in Z$ und alle $\vartheta \in \Theta$. Sei $\{Z^\infty, A(Z^\infty), P^\infty\}$ mit $P^\infty = \bigotimes_{t=1}^T P$ ein unendlicher Produktwahrscheinlichkeitsraum und $\tilde{z} = z_1, z_2, z_3, \ldots \in Z^\infty$ eine infinite Sequenz. Dann gilt:*

$$T^{-1} \sum_{t=1}^T g(\vartheta, z_t)$$

konvergiert P^∞ fast sicher gleichmäßig in Θ gegen

$$E(g(\vartheta, z)) = \int_Z g(\vartheta, z) dP(z) \quad .$$

Außerdem ist die Funktion $E(g(\vartheta, z))$ stetig auf Θ.

Bemerkung A.5 *Der unendliche Produktraum Z^∞ und die durch die Zylindermenge von Z^∞ erzeugte σ-Algebra $A(Z^\infty)$ sind wohldefiniert (Arminger 1980, Kapitel 8) und das unendliche Wahrscheinlichkeitsmaß P^∞ existiert nach dem Satz von Daniell (Arminger 1980, Satz 8.22) und korrespondiert zum Modell der Zufallsstichprobe (Folge von unabhängigen und identisch verteilten Zufallsvariablen $\{z_t\}_{t \in \mathcal{N}}$) mit parametrisierten Radon-Nikodym-Dichten.*

Lemma A.6 *(Amemiya 1973, Lemma 3, S. 1002). Sei $\{Z, A(Z), P\}$ ein Wahrscheinlichkeitsraum und Θ eine kompakte Teilmenge des $\mathcal{R}^k$. Sei $f_T(\vartheta, z)$ eine Folge von Funktionen von $\Theta \times Z$ nach $\mathcal{R}$, deren Glieder für alle $\vartheta \in \Theta$ meßbar und für alle $z \in Z$ stetig auf Θ sind. Sei $f(\vartheta)$ eine Funktion von Θ nach $\mathcal{R}$ mit einem eindeutigen Maximum bei ϑ^*. Weiterhin gelte: $f_T(\vartheta, z)$ konvergiert P-fast sicher gleichmäßig in Θ gegen $f(\vartheta)$. Dann existiert eine Folge von Funktionen $\hat{\vartheta}_T$ von Z nach Θ mit meßbaren Folgengliedern, sodaß für alle $z \in Z$ gilt:*

1. $f_T\left(\hat{\vartheta}_T, z\right) = \sup_{\Theta} f_T(\vartheta, z)$

2. $\hat{\vartheta}_T(z)$ konvergiert P-fast sicher gegen ϑ^*.

Lemma A.7 *Sei Z ein Element einer Borelschen Menge und $\Theta_1 \times \Theta_2$ eine kompakte Teilmenge des $R^{k+\ell}$. Sei $f(\vartheta_1, \vartheta_2, z)$ eine Abbildung von $\Theta_1 \times \Theta_2 \times Z$ nach R, die für jedes $(\vartheta_1, \vartheta_2)$ meßbar und für jedes $z \in Z$ stetig auf $\Theta_1 \times \Theta_2$ ist. Sei $\hat{\vartheta}_1$ eine meßbare Abbildung von Z nach R^k. Dann gilt: Die Abbildung $f\left(\hat{\vartheta}_1(z), \vartheta_2, z\right)$ von $\Theta_2 \times Z$ nach R ist für jedes $z \in Z$ stetig auf Θ_2 und für alle ϑ_2 meßbar.*

Lemma A.8 *(L.F. Lee 1979, Lemma 3, S. 987). Sei $\{Z, A(Z), P\}$ ein Wahrscheinlichkeitsraum und $\Theta_1 \times \Theta_2$ eine kompakte Teilmenge des $R^{\ell+k}$. Sei $f_T(\vartheta_1, \vartheta_2, z)$ eine Folge von Funktionen von $\Theta_1 \times \Theta_2 \times Z$ nach R, die für jedes $(\vartheta_1, \vartheta_2)$ meßbar und für jedes $z \in Z$ stetig auf $\Theta_1 \times \Theta_2$ sind. Weiterhin existiere eine Funktion $f(\vartheta_1, \vartheta_2)$ von $\Theta_1 \times \Theta_2$ nach R, so daß $f_T(\vartheta_1, \vartheta_2, z)$ dem Maße P-fast sicher gleichmäßig in $\Theta_1 \times \Theta_2$ gegen $f(\vartheta_1, \vartheta_2)$ konvergiert. Sei $\hat{\vartheta}_{T1}(z)$ eine Folge von Funktionen von Z nach R^ℓ, deren Folgenglieder für jedes $z \in Z$ meßbar sind und die P-fast sicher gegen ϑ_1^* konvergiert. Dann gilt: $f_T\left(\hat{\vartheta}_{T1}(z), \vartheta_2, z\right)$ konvergiert P-fast sicher gleichmäßig in Θ_2 gegen $f(\vartheta_1^*, \vartheta_2)$.*

Lemma A.9 *(Rao 1973, S. 59). Sei $\{Z, A(Z), \mu\}$ ein Maßraum und f und g zwei meßbare Abbildungen von Z nach $R^+ \cup \{0\}$, die μ integrabel sind. Sei S eine meßbare Teilmenge aus $Z \cap \{z \in Z : f(z) > 0\}$ mit*

$$\int_S (f(z) - g(z)) \, d\mu(z) \geq 0$$

und $\mu_{/S}$ das auf $\{S, A(S)\}$ beschränkte Maß. Dann gilt: Der Ausdruck

$$\int_S f(z) \ln [f(z) - g(z)] \, d\mu(z)$$

ist genau dann Null, wenn gilt: $f = g$ $\mu_{/S}$ fast sicher. Sonst ist er größer als Null.

Lemma A.10 *(Cramer 1946, S. 297). Sei Z ein Element einer Borelschen Menge B^n und $\{Z, A(Z), P\}$ ein Wahrscheinlichkeitsraum. Dann gilt mit $\mu = E(z)$:*

$$V(z) = \int_Z (z-\mu)(z-\mu)^T dP(z)$$

ist genau dann positiv definit, wenn das Wahrscheinlichkeitsmaß $P(H)$ aller Hyperebenen $H \in \mathcal{B}^n$ kleiner als Eins ist[2] .

Lemma A.11 *(Plackett 1954, S. 353)*[3]. *Sei $\varphi(x,y|\rho)$ die Dichte einer bivariaten Normalverteilung mit $E(x) = E(y) = 0, V(x) = V(y) = 1$ und $Cov(x,y) = \rho$. Dann gilt:*

$$\frac{\partial^2 \varphi(x,y|\rho)}{\partial x \partial y} = \frac{\varphi(x,y|\rho)}{\partial \rho}$$

Korollar A.12 *Sei*

$$\Phi_\rho(u,v) = \int_{-\infty}^{u} \int_{-\infty}^{v} \varphi(x,y|\rho) dy\, dx \quad.$$

Dann gilt:

$$\frac{\partial \Phi_\rho(u,v)}{\partial \rho} = \varphi(u,v|\rho)$$

---

[2] Eine Hyperebene $H \subset \mathcal{R}^n$ ist eine Menge $H = \{x \in \mathcal{R}^n : Ax = b\}$ mit $A \sim m \times n$, $\text{Rang}(A) < n$ und $b \in \mathcal{R}^m$.

[3] Mein Dank gebührt Prof. Dr. Roland Dillmann, BUGH Wuppertal, der mich auf die Plackett-Identität aufmerksam machte.

Anhang B

Eindeutigkeit der Schätzung der Mittelwertparameter bei ordinalen Meßrelationen

In diesem Anhang wird ein Beweis der Identifizierbarkeit des ordinalen Probitmodells skizziert. Zur Notationsvereinfachung wird der Variablenindex $i = 1, \ldots, n$ und der Fallindex $t = 1, \ldots, T$ fortgelassen und zuerst der Fall des binären Probitmodells behandelt. Als Skalenidentifikationsrestriktion wird $\gamma_i = 0$ gewählt. Sei

$$P(Y = 1 | x, \tau, \Pi.) = \Phi(\tau - \Pi.x) \quad \text{und} \tag{B.1}$$
$$P(Y = 2 | x, \tau, \Pi.) = 1 - \Phi(\tau - \Pi.x)$$

die Selektionswahrscheinlichkeit der i-ten endogenen binären Variablen. Dabei ist $(\tau, \Pi.)^T$ ein Parameter aus einem kompakten und konvexen Parameterraum $\Delta_1 \in \mathcal{B}^{m+1}$. Sei $\mathcal{Y} = \{1, 2\}$ der Stichprobenraum von Y und $\mathcal{X} \in \mathcal{B}^m$ der Stichprobenraum von X. Die korrespondierenden Maßräume werden mit $\{\mathcal{Y}, \mathcal{A}(\mathcal{Y}), \nu\}$ und $\{\mathcal{X}, \mathcal{A}(\mathcal{X}), \mu\}$ bezeichnet. ν ist ein Zählmaß über $\{\mathcal{Y}, \mathcal{A}(\mathcal{Y})\}$ und μ ist ein σ-finites Maß über $\{\mathcal{X}, \mathcal{A}(\mathcal{X})\}$. Sei $p(x)$ eine Version der Radon-Nikodym-Dichte bezüglich μ und $P(Y|x, \tau, \Pi.)$ eine Version der Radon-Nikodym-Dichte bezüglich ν, so daß sich die gemeinsame, durch $(\tau, \Pi.)$ parametrisierte Dichte

$$P(Y, x, \tau, \Pi.) = P(Y | x, \tau, \Pi.) \cdot p(x) \tag{B.2}$$

als Radon-Nikodym-Dichte bezüglich des Produktmaßes $(\nu \otimes \mu)$ über $\{\mathcal{Y} \otimes \mathcal{X}, \mathcal{A}(\mathcal{Y} \otimes \mathcal{X})\}$ darstellen läßt. Weiterhin wird angenommen, daß die Varianz-Kovarianz-Matrix $V(x)$ positiv definit ist. Sei $(\tau^*, \Pi.^*)$ der wahre, aber unbekannte Parameter. Zum Nachweis der Identifizierbarkeit von $(\tau^*, \Pi.^*)$ muß gezeigt werden, daß der Erwartungswert (4.7) ein eindeutiges Maximum an der Stelle $(\tau^*, \Pi.^*)$ besitzt. Für diesen Beweis werden die Lemmas A.9 und A.10 aus Anhang A verwendet.
Sei λ das durch $p(x)$ induzierte Maß über $\{\mathcal{X}, \mathcal{A}(\mathcal{X})\}$. Es gilt:

$$E^* (\ln P(Y, x, \tau, \Pi.)) = \tag{B.3}$$

$$\int\limits_{\mathcal{Y}\otimes\mathcal{X}} \ln\left[P\left(Y|x,\tau,\Pi.\right)p(x)\right] \cdot P\left(Y|x,\tau^{*},\Pi^{*}_{\cdot}\right) \cdot p(x)d(\nu\otimes\mu) \cong$$

$$\int\limits_{\mathcal{Y}\otimes\mathcal{X}} \left[\ln P\left(Y|x,\tau,\Pi.\right)\right] \cdot P\left(Y|x,\tau^{*},\Pi^{*}_{\cdot}\right) \cdot p(x)d(\nu\otimes\mu) =$$

$$\sum_{Y=1}^{2}\int\limits_{\mathcal{X}} \left[\ln P\left(Y|x,\tau,\Pi.\right)\right] \cdot P\left(Y|x,\tau^{*},\Pi^{*}_{\cdot}\right) d\lambda$$

Die Voraussetzungen von Lemma A.9 sind wegen $E^{*}\left(P\left(Y,x,\tau^{*},\Pi^{*}_{\cdot}\right)\right) = E^{*}\left(P\left(Y,x,\tau,\Pi.\right)\right) = 1$ und $P\left(Y,x,\tau,\Pi.\right) > 0$ erfüllt. Damit folgt:

$$\sum_{Y=1}^{2}\int\limits_{\mathcal{X}} \left[\ln P\left(Y|x,\tau^{*},\Pi^{*}_{\cdot}\right)\right] \cdot P\left(Y|x,\tau^{*},\Pi^{*}_{\cdot}\right) d\lambda \geq \tag{B.4}$$

$$\sum_{Y=1}^{2}\int\limits_{\mathcal{X}} \left[\ln P\left(Y|x,\tau,\Pi.\right)\right] \cdot P\left(Y|x,\tau^{*},\Pi^{*}_{\cdot}\right) d\lambda \quad \text{für alle} \quad (\tau,\Pi.) \in \Delta_{1}$$

Die beiden Terme sind genau dann gleich, wenn gilt:

$$P\left(Y|x,\tau,\Pi.\right) = P\left(Y|x,\tau^{*},\Pi^{*}_{\cdot}\right) \quad (\nu\otimes\lambda) - \text{fast sicher} \tag{B.5}$$

Betrachte die beiden ungleichen Parameterkonstellationen $(\tau,\Pi.) \neq (\tau^{*},\Pi^{*}_{\cdot})$. Nun ist die Verteilungsfunktion $\Phi(\cdot)$ eine streng monotone Funktion. Damit ist die Menge

$$\begin{aligned} H\left(\tau,\Pi.\right) &= \{x \in \mathcal{X} : \Phi\left(\tau - \Pi.x\right) = \Phi\left(\tau^{*} - \Pi^{*}_{\cdot}x\right)\} \\ &= \{x \in \mathcal{X} : \left(\Pi^{*}_{\cdot} - \Pi.\right)x = \left(\tau^{*} - \tau\right)\} \end{aligned} \tag{B.6}$$

eine Hyperebene im $\mathcal{R}^{m}$, die nach Lemma A.10 ein Maß $\lambda(H(\tau,\Pi.)) < 1$ besitzt. Damit gilt:

$$(\nu\otimes\lambda)\{(Y,x) \in (\mathcal{Y}\otimes\mathcal{X}) : P\left(Y|x,\tau,\Pi.\right) \neq P\left(Y|x,\tau^{*},\Pi^{*}_{\cdot}\right)\} > 0 \tag{B.7}$$

Damit ist der obere Term in (B.4) für alle $(\tau,\Pi.) \neq (\tau^{*},\Pi^{*}_{\cdot})$ streng größer als der untere Term. Somit hat $E^{*}\left(\ln P(Y,x,\tau,\Pi.)\right)$ aus (B.3) ein eindeutiges Maximum an der Stelle $(\tau^{*},\Pi^{*}_{\cdot})$. Damit sind insbesondere die Bedingungen des Konsistenzbeweises aus den Abschnitten 4.2.1–4.2.2 erfüllt, so daß sich die Parameter $(\tau,\Pi.)$ durch das Maximum-Likelihood-Verfahren konsistent schätzen lassen. Sei

$$P(Y = k|x, \tau, \Pi.) = \Phi(\tau_k - \Pi.x) - \Phi(\tau_{k-1} - \Pi.x) \qquad (\text{B.8})$$

die Selektionswahrscheinlichkeit des *ordinalen* Probitmodells mit $K + 1$ Kategorien. Wähle ein beliebiges $k \in \{1, \ldots, K\}$. Dann induziert die Abbildung

$$\tilde{Y} = \left\{ \begin{array}{ll} 1 & \text{falls } Y \in \{1, \ldots, k\} \\ 2 & \text{falls } Y \in \{k+1, \ldots, K+1\} \end{array} \right\} \qquad (\text{B.9})$$

ein binäres Logitmodell für die Zufallsvariable $\tilde{Y}$:

$$P\left(\tilde{Y} = 1|x, \tau_k, \Pi.\right) = \Phi(\tau_k - \Pi.x) \quad \text{und} \qquad (\text{B.10})$$

$$P\left(\tilde{Y} = 2|x, \tau_k, \Pi.\right) = 1 - \Phi(\tau_k - \Pi.x)$$

Damit sind die Parameter $(\tau_k, \Pi.)$ identifiziert und somit auch konsistent schätzbar. Nun impliziert die konsistente Schätzbarkeit die Identifizierbarkeit eines Parameters (Gabrielsen 1978). Damit sind die Parameter $(\tau_1, \ldots, \tau_K, \Pi.)$ des ordinalen Probitmodells identifiziert. Analog läßt sich die Identifizierbarkeit des Tobitmodells und des Two-Limit-Probitmodells durch induzierte Selektionswahrscheinlichkeiten nachweisen.

Anhang C

Numerische Verfahren

Einen Überblick über die wichtigsten numerischen Verfahren findet man in Quandt (1983) und Luenberger (1984).

C.1 Optimierungsverfahren

Numerische Optimierungsverfahren werden sowohl zur Maximierung der Loglikelihoodfunktionen (4.2 und 4.5) als auch zur Minimierung des GLS-Funktionals (5.2) benötigt. Sei $f(\delta)$ eine zweimal stetig differenzierbare Funktion von $\Delta \subset \mathcal{R}^q$ nach $\mathcal{R}$ mit den Ableitungen

$$\nabla f(\delta) = \frac{\partial f(\delta)}{\partial \delta} \quad \text{und} \quad H(\delta) = \frac{\partial^2 f(\delta)}{\partial \delta \partial \delta^T}. \tag{C.1}$$

Zur Bestimmung eines lokalen Extremums wird eine Nullstelle $\hat{\delta}$ der ersten Ableitung $\nabla f(\delta) = 0$ berechnet. Ist $H(\delta)$ in einer Umgebung von $\hat{\delta}$ negativ (positiv) definit, so liegt ein lokales Maximum (Minimum) vor. Ist $f(\delta)$ konkav (konvex), so korrespondiert ein lokales Maximum (Minimum) $\hat{\delta}$ zum globalen Maximum (Minimum). Da die Nullstellen von $\nabla f(\delta)$ i.d.R. nicht analytisch berechnet werden können, basieren die meisten Optimierungsverfahren auf einem iterativen Algorithmus, in dem eine Nullstelle $\hat{\delta}$ von $\nabla f(\delta)$ durch eine Approximationsfolge $\{\delta_k : k \in \mathcal{N}\}$ sukzessiv durch eine Update-Formel angenähert wird. Die intuitive Grundlage der meisten Update-Formeln ist die Taylorreihenapproximation

$$\nabla f(\delta_{k+1}) \approx \nabla f(\delta_k) + H(\delta_k) \cdot (\delta_{k+1} - \delta_k) \quad , \tag{C.2}$$

die durch Umformung und Nullsetzung $\nabla f(\delta_{k+1}) = 0$ die Update-Formel

$$\delta_{k+1} = \delta_k - H^{-1}(\delta_k) \cdot \nabla f(\delta_k) \tag{C.3}$$

ergibt. Der Index k am Vektor $\delta_k \sim q \times 1$ symbolisiert keine Komponente des Parametervektors, sondern den Iterationsindex. Die verschiedenen Verfahren unterscheiden sich durch verschiedene Approximationen der Matrix $H(\delta)$. Die folgende Darstellung beschränkt sich auf die Bestimmung von lokalen Maxima. Genauere Beschreibungen der Optimierungsverfahren findet man in Luenberger (1984), Hestenes (1980) und Amemiya (1986). Übrigens sei darauf hingewiesen, daß man mit den hier diskutierten Verfahren in der Regel nur lokale Extrema findet.

C.1.1 Regula Falsi

Sei $f(\delta)$ eine Abbildung von $[a, b] \in \mathcal{R}$ nach $\mathcal{R}$. Bei der Regula Falsi wird die zweite Ableitung $H(\delta)$ durch numerische Differentiation
$H(\delta) \approx [\nabla f(\delta_1) - \nabla f(\delta_0)] / [\delta_1 - \delta_0]$ approximiert. Die Iterationsvorschrift (Luenberger 1984, S. 202–5) besteht aus folgenden Schritten:

1. Setze Iterationsindex $k = 2$. Lege Startwerte $\delta_0, \delta_1 \in [a, b]$ fest. Die Startwerte korrespondieren üblicherweise zu den Endpunkten des Intervalls, in dem das Maximum gesucht wird.

2. Berechne

$$\delta_{k+1} = \delta_k - \nabla f(\delta_k) \cdot \left[\frac{\delta_k - \delta_{k-1}}{\nabla f(\delta_k) - \nabla f(\delta_{k-1})} \right] \tag{C.4}$$

3. Sei $\epsilon \in \mathcal{R}^+$ die Konvergenzschranke. Beende Verfahren, wenn gilt:

$$|\delta_{k+1} - \delta_k| < \epsilon \tag{C.5}$$

Andernfalls erhöhe den Iterationsindex und gehe zu 2.

Bei der Programmierung der zweiten Stufe (Schepers 1985) trat relativ häufig das Problem auf, daß die Vorzeichen von zwei aufeinanderfolgenden Ableitungen $\nabla f(\delta_k)$ und $\nabla f(\delta_{k-1})$ übereinstimmten. Dies führte zu δ_{k+1} Werten, die außerhalb des Startwertintervalls $[\delta_0, \delta_1]$ lagen. Daher wurde der zweite Schritt der Regula Falsi Methode folgendermaßen modifiziert:

- Suche das kleinste $i \in \{1, \ldots, k\}$, für das sich das Vorzeichen von $\nabla f(\delta_{k-i})$ vom Vorzeichen von $\nabla f(\delta_k)$ unterscheidet. Falls ein derartiges i nicht existiert, breche Verfahren ab. Andernfalls berechne

$$\delta_{k+1} = \delta_k - \nabla f(\delta_k) \cdot \left[\frac{\delta_k - \delta_{k-i}}{\nabla f(\delta_k) - \nabla f(\delta_{k-i})} \right] \quad . \tag{C.6}$$

Als alternatives Konvergenzkriterium zu (C.5) läßt sich auch

$$|f(\delta_{k+1}) - f(\delta_k)| < \epsilon \qquad (C.7)$$

verwenden. Dieses Kriterium hat jedoch im Gegensatz zu Kriterium (C.5) bei der Maximierung von Loglikelihoodfunktionen den Nachteil, daß Parameterdivergenz nicht entdeckt werden kann. Damit kann Separabilität (Nichtexistenz von ML-Schätzern; Albert & Anderson 1984) leicht übersehen werden.

Grundsätzlich können die Konvergenzkriterien (C.5 bzw. C.7) auch bei mehrdimensionalen Optimierungsverfahren ($q > 1$) verwendet werden. In diesem Fall stellt $|\delta|$ die euklidische Norm oder die Maximumsnorm dar.

Alternative eindimensionale Optimierungsverfahren sind Liniensuchverfahren wie das Verfahren des goldenen Schnitts sowie quadratische und kubische Approximationen, die in Luenberger (1984) ausführlich dargestellt sind.

C.1.2 Allgemeine Gradientenverfahren

Gradientenverfahren zur Maximierung einer Funktion $f(\delta)$ vom $\mathcal{R}^q$ nach $\mathcal{R}$ basieren auf folgender Iterationsformel:

1. Setze den Iterationsindex $k = 1$. Wähle einen Startwert δ_1 aus dem Inneren des Parameterraums $\overset{\circ}{\Delta}$.

2. Berechne

$$\delta_{k+1} = \delta_k - D_k \cdot \nabla f(\delta_k). \qquad (C.8)$$

3. Sei $\epsilon \in \mathcal{R}^+$ die Konvergenzschranke. Ist das Konvergenzkriterium (C.5 bzw. C.7) erfüllt, breche das Verfahren ab. Andernfalls gehe zu 1.

Die verschiedenen Optimierungsverfahren unterscheiden sich in der Konstruktion der Matrix D_k, die eine Approximation der Inversen der Hessematrix $H(\delta)$ darstellt.

Newton Raphson Verfahren

Beim Newton Raphson Verfahren wird für D_k direkt die inverse Hessematrix $H^{-1}(\delta_k)$ eingesetzt.

Verfahren des steilsten Abstiegs

Sei α_k ein nichtnegativer Skalar. Setzen von $D_k = -\alpha_k \cdot I_q$ mit I_q als q-dimensionaler Einheitsmatrix ergibt die Methode des steilsten Abstiegs. Üblicherweise wird α_k durch eindimensionale Optimierungsverfahren (Regula Falsi, Golden Section Search etc.; Luenberger 1984) als Maximum von $f(\delta_k + \alpha \cdot \nabla f(\delta_k))$ gewählt.

Davidon-Fletcher-Powell Verfahren

Das DFP Verfahren gehört zur Klasse der Quasi-Newton Verfahren, bei dem die Matrix D_k durch folgendes Rankkorrekturverfahren konstruiert wird: G_1 wird als beliebige, positiv definite symmetrische Matrix festgelegt. In der Regel setzt man $G_1 = I_q$. Berechne D_k pro Iterationsschritt $k \in \mathcal{N}$ durch folgende Vorschrift:

1. Berechne $g_k = G_k \cdot \nabla f(\delta_k)$.

2. Berechne α_k durch eindimensionales Maximieren von $f(\delta_k + \alpha \cdot g_k)$ nach $\alpha > 0$ und setze

$$D_k = -\alpha_k \cdot G_k, \quad \delta_{k+1} = \delta_k - D_k \cdot \nabla f(\delta_k), \tag{C.9}$$

$$p_k = \alpha_k \cdot g_k \quad \text{und} \quad s_k = \nabla f(\delta_k) - \nabla f(\delta_{k+1})$$

3. Korrigiere die Matrix G_{k+1} für den nächsten Iterationsschritt $k+1$ durch

$$G_{k+1} = G_k + \frac{p_k \cdot p_k^T}{p_k^T \cdot s_k} - \frac{G_k \cdot s_k \cdot s_k^T \cdot G_k}{s_k^T \cdot G_k \cdot s_k} \tag{C.10}$$

Das DFP-Verfahren wird auch als Rang Zwei-Korrekturverfahren bezeichnet, da die inverse Hessematrix pro Iterationsschritt durch die Summe zweier Matrizen mit Rang Eins korrigiert wird. Für quadratische Funktionen $f(\delta)$ stimmt die inverse Hessematrix $H^{-1}(\delta_q)$ nach q Iterationsschritten mit der Matrix $-G_q$ überein (Quandt 1983, S.723, Theorem 4.6), sofern ein exaktes Liniensuchverfahren für α verwendet wird.

Weitere Rangkorrekturverfahren wie die Broyden-Familie findet man in Luenberger (1984).

C.1.3 Gradientenverfahren für Likelihoodfunktionen

Zur Maximierung von Loglikelihoodfunktionen können stochastische Approximationen der Hessematrix $H(\delta)$ verwendet werden. Sei $\{Y_t\}_{t \in \mathcal{N}}$ eine Folge stochastisch unabhängiger, identisch verteilter Zufallsvariablen[1] mit parametrisierter Dichte $f(y_t|\delta)$ und

$$f(\delta) = \ell(\delta) = \frac{1}{T} \sum_{t=1}^{T} \ln f(y_t|\delta) \tag{C.11}$$

die mit T^{-1} normierte Loglikelihoodfunktion. Als stochastische Approximation der Hessematrix $H(\delta)$ bieten sich die folgenden Größen an:

---

[1] Ähnliche Approximationen eignen sich auch für abhängige und nicht identisch verteilte Zufallsvariablen. Sie müssen jedoch geringfügig modifiziert werden. Vgl. Harvey (1981).

Fisher-Scoring Verfahren

Die Hessematrix $H(\delta)$ wird durch die negative erwartete Informationsmatrix[2] $-I(\delta)$ (Zacks 1971; Kale 1961, 1962) approximiert[3]:

$$I(\delta) = -E_\delta \left[\frac{\partial^2 \ln f(y|\delta)}{\partial \delta \partial \delta^T} \right] = E_\delta \left\{ \left[\frac{\partial \ln f(y|\delta)}{\partial \delta} \right] \left[\frac{\partial \ln f(y|\delta)}{\partial \delta^T} \right] \right\} \quad \text{(C.12)}$$

Das modifizierte Fisher-Scoring-Verfahren

Die negative Hessematrix wird beim modifizierten Fisher-Scoring Verfahren (Bock 1972; Berndt, Hall, Hall und Hausman 1974) durch die empirische Varianz

$$I^e(\delta) = \frac{1}{T} \sum_{t=1}^{T} \left\{ \frac{\partial \ln f(y_t|\delta)}{\partial \delta} \right\} \left\{ \frac{\partial \ln f(y_t|\delta)}{\partial \delta^T} \right\} \quad \text{(C.13)}$$

der Scorefunktion approximiert, die stochastisch gegen $I(\delta)$ konvergiert.

Im Gegensatz zum Newton-Raphson und Fisher-Scoring Verfahren ist die Berechnung der zweiten Ableitungen bei der Regula Falsi, beim Verfahren des steilsten Abstiegs, beim DFP Verfahren und beim modifizierten Fisher-Scoring Verfahren nicht notwendig. Daher eignen sich diese Verfahren insbesondere bei komplexen Modellen, bei denen die Herleitung und Programmierung der zweiten Ableitungen einen erheblichen Aufwand und eine nicht zu unterschätzende Fehlerquelle sind. Allerdings benötigen Verfahren mit ersten Ableitungen meistens eine höhere Iterationsanzahl und Rechenzeit.

C.1.4 Gauss-Newton Verfahren

Das Gauss-Newton Verfahren basiert auf nichtlinearer kleinster Quadratetheorie (Jennrich 1969, Bard 1974, S.Y. Lee & Jennrich 1979 und Amemiya 1986). Sei $f(\delta)$ eine einmal stetig differenzierbare Funktion von $\Delta \subset \mathcal{R}^q$ nach $\mathcal{R}^r$ und $\hat{f} \sim r \times 1$ ein konstanter Vektor. Sei $\nabla f(\delta) \sim r \times q$ die Matrix der ersten Ableitungen, die auf einer Umgebung des wahren Parameters δ^* den Rang $\text{Rg}(\nabla f(\delta)) = q \leq r$ besitzt. Sei $W \sim r \times r$ eine positiv definite Matrix und

$$Q(\delta) = \left(\hat{f} - f(\delta) \right)^T W^{-1} \left(\hat{f} - f(\delta) \right) \quad \text{(C.14)}$$

---

[2]Die durch T^{-1} normierte negative Hessematrix $-T^{-1} \cdot H(\delta)$ wird als beobachtete Informationsmatrix (Efron & Hinkley 1978) bezeichnet.

[3]Die Identität zwischen dem Erwartungswert der Scorefunktion und dem Erwartungswert der negativen Hessematrix gilt nur unter der Gültigkeit der Unabhängigkeit zwischen den einzelnen Beobachtungen und der Vertauschbarkeit von Differentiation und Integration im Erwartungswert (Zacks 1971).

eine quadratische Form, die nach $\delta \in \Delta$ minimiert werden soll. Das Gauss-Newton Verfahren ist iterativ und basiert heuristisch auf folgender Taylorreihenapproximation:

$$f(\delta_{k+1}) \approx f(\delta_k) + \nabla f(\delta_k) \cdot (\delta_{k+1} - \delta_k) \tag{C.15}$$

Einsetzen von (C.15) in (C.14) ergibt

$$\left[\hat{f} - f(\delta_k) - \nabla f(\delta_k) \cdot (\delta_{k+1} - \delta_k)\right]^{-1} W^{-1} \left[\hat{f} - f(\delta_k) - \nabla f(\delta_k) \cdot (\delta_{k+1} - \delta_k)\right]. \tag{C.16}$$

Betrachtet man δ_k als fest, so ergibt Minimieren nach δ_{k+1} den gewichteten kleinsten Quadrateschätzer

$$\hat{\delta}_{k+1} = \left([\nabla f(\delta_k)]^T W^{-1} [\nabla f(\delta_k)]\right)^{-1} \cdot [\nabla f(\delta_k)]^T W^{-1} \cdot \left[\hat{f} - f(\delta_k) + \nabla f(\delta_k) \cdot \delta_k\right] \tag{C.17}$$

Sukzessive Anwendung der Iterationsvorschrift bis zur Konvergenz nach (C.5 bzw. C.7) ergibt den nichtlinearen gewichteten iterativen kleinsten Quadrateschätzer.

C.1.5 Straffunktionsverfahren

Das Straffunktionsverfahren (Luenberger 1984) kann zur Minimierung von nichtlinearen Funktionen $Q(\delta)$ von $\Delta \subset \mathcal{R}^q$ nach $\mathcal{R}$ unter der Restriktion $\delta \in R \subset \Delta$ verwendet werden, falls die Restriktion nicht durch Umparametrisierung eliminiert werden kann. Die Grundidee des Straffunktionsverfahrens besteht in einer Ersetzung des restringierten Problems durch das unrestringierte Optimierungsproblem

$$Q(\delta) + \gamma \cdot S(\delta) \longrightarrow \min_{\delta \in \Delta} \tag{C.18}$$

Dabei ist γ eine positive Konstante und $S(\delta)$ eine Straffunktion, die für alle Werte $\delta \in \Delta - R$ positive Werte ("die Strafe") und für alle $\delta \in R$ den Wert Null annimmt. Sei $\{\gamma_k\}_{k \in \mathcal{N}}$ eine streng monoton wachsende Folge. Die Straffunktionsmethode hat die folgende iterative Struktur:

1. Setze den Iterationsindex $k = 1$. Lege einen Startwert δ_1 fest.

2. Minimiere die unrestringierte Funktion

$$Q(\delta) + \gamma_k \cdot S(\delta) \tag{C.19}$$

   nach $\delta \in \Delta$ mit Hilfe eines Optimierungsverfahrens für unrestringierte Probleme.

3. Breche Verfahren ab, wenn eine Konvergenzsschranke (C.5 bzw. C.7) erreicht ist. Andernfalls gehe zu 1.

Heuristisch basiert dieses Verfahren auf einer mit wachsendem Iterationsindex zunehmenden Strafe $\gamma_{k+1} \geq \gamma_k$, so daß das Verfahren zunehmend zu Parameterpunkten konvergiert, deren Strafe gering ist und die somit relativ nahe am Restriktionsgebiet R liegen. Da dieses Verfahren pro Iteration $k \in \mathcal{N}$ in Abhängigkeit vom Optimierungsproblem (C.19) Subiterationen durch Gradientenverfahren etc. erfordert, führt diese Vorgehensweise oft zu einer erheblichen Rechenzeit. Daher wird oft pro Straffunktionsiteration $k \in \mathcal{N}$ nur ein Suboptimierungsschritt für (C.19) durchgeführt. Wegen der langsamen Konvergenz wurden in der Literatur modifizierte Verfahren wie die Multiplier-Methode (Luenberger 1984, Bertsekas 1976), die auf einer Kombination des Straffunktionsverfahrens mit dem Lagrangemultiplikatorverfahren basiert, vorgeschlagen, auf die jedoch nicht näher eingegangen wird.

Meistens läßt sich die Restriktion $\delta \in R$ durch I Restriktionsgleichungen der Form $r_i(\delta) = 0$ oder $r_i(\delta) \leq 0$ formulieren. Eine einfache Straffunktion für diese Restriktionstypen ist

$$S(\delta) = \sum_{i=1}^{I} S_i(\delta) \tag{C.20}$$

mit $S_i(\delta) = (r_i(\delta))^2$ für $r_i(\delta) = 0$ und $S_i(\delta) = (\max\{0, r_i(\delta)\})^2$ für $r_i(\delta) \leq 0$.

C.2 Numerische Integrationsverfahren

C.2.1 Univariate Standardnormalverteilung

Eine einfache Polynomialapproximation der Standardnormalverteilung

$$\Phi(z) = \int_{-\infty}^{z} (2\pi)^{-1/2} \exp\left\{-x^2/2\right\} dx \tag{C.21}$$

ist die Hastings-Approximation (siehe Zelen & Severo 1984, S. 408)

$$\Phi(z) = 1 - \frac{1}{2}\left[1 + \sum_{i=1}^{6} d_i \cdot z^i\right]^{-16} + \epsilon(z) \quad \text{für} \quad z \in \mathcal{R}^+ \tag{C.22}$$

mit den Koeffizienten

$d_1 = 0.0498673470 \quad d_2 = 0.0211410061 \quad d_3 = 0.0032776263$
$d_4 = 0.0000380036 \quad d_5 = 0.0000488906 \quad d_6 = 0.0000053830$

und dem Approximationsfehler $|\epsilon(z)| < 1.5 \cdot 10^{-7}$. Weitere Approximationen findet man in Zelen und Severo (1984). Cooper (1968) verwendet eine Exponentialreihenentwicklung mit anschließender Integration und gibt ein FORTRAN 4 Programm an. Divgi (1979) beschreibt eine Entwicklung durch orthogonale Polynome.

C.2.2 Bivariate Standardnormalverteilung

Das bivariate Standardnormalverteilungsintegral

$$\Phi_\rho(h,k) = \int_{-\infty}^{h} \int_{-\infty}^{k} \frac{1}{2\pi\sqrt{(1-\rho^2)}} \exp\left\{-\frac{(x^2 - 2\rho xy + y^2)}{2(1-\rho^2)}\right\} dy\, dx \qquad (C.23)$$

läßt sich nach Owen (1956, Formel 2.1 und 3.8) mit Hilfe der T-Funktion

$$T(h,a) = \frac{1}{2\pi} \int_0^a (1+x^2)^{-1} \exp\left\{(-h^2/2)(1+x^2)\right\} dx \quad \text{für} \quad h, a \in \mathcal{R} \qquad (C.24)$$

durch den Ausdruck

$$\Phi_\rho(h,k) = \qquad (C.25)$$

$$\frac{\Phi(h) + \Phi(k)}{2} - T(h,a_h) - T(k,a_k) - \begin{cases} 0 & \text{falls } h \cdot k > 0 \text{ oder} \\ & h \cdot k = 0 \text{ und } h + k \geq 0 \\ \frac{1}{2} & \text{sonst} \end{cases}$$

mit

$$a_h = \frac{k}{h \cdot \sqrt{(1-\rho^2)}} - \frac{\rho}{(1-\rho^2)} \quad \text{und} \quad a_k = \frac{h}{k \cdot \sqrt{(1-\rho^2)}} - \frac{\rho}{(1-\rho^2)}$$

approximieren. Einsetzen der Substitution $y = 2x/a - 1$ in (C.24) ergibt das Integral

$$T(h,a) = \frac{1}{2\Pi} \int_{-1}^{+1} \frac{a}{2} \cdot \left[1 + (ay+a)^2/4\right]^{-1} \cdot \exp\left\{-\frac{h^2}{2}\left[1 + (ay+a)^2/4\right]\right\} dy \qquad (C.26)$$

das sich einfach mit Hilfe der Gaussschen Quadratur (Stoer 1979, Stroud & Secrest 1966) über dem Integrationsintervall $[-1, +1]$ integrieren läßt.

Ein FORTRAN 4 Programm zur Berechnung der T-Funktion findet man bei Young & Minder (1974), die auch die folgende Stutzung des Integrationsbereiches konstruierten:

Da der positive Integrand der T-Funktion in (C.24) mit wachsendem x monoton gegen Null konvergiert, ändert sich der Wert der T-Funktion ab einer genügend großen oberen Integrationsschranke $\tilde{a}$ nur noch geringfügig. Daher wird der Integrand

$$s(h, x) = (1 + x^2)^{-1} \exp\left\{(-h^2/2)(1 + x^2)\right\} \tag{C.27}$$

auf Null gesetzt, sobald die Ungleichung

$$\frac{s(h, x)}{\max_{x \in [0, \infty)} s(h, x)} = \frac{\exp\left\{(-h^2/2)(1 + x^2)\right\}}{(1 + x^2) \exp\left\{-h^2/2\right\}} \leq \epsilon \tag{C.28}$$

für ein beliebig kleines, fest gewähltes $\epsilon \in \mathcal{R}^+$ erfüllt ist. Damit erhält man als Stutzungspunkt $\tilde{a}$ die Nullstelle der Gleichung

$$t(\tilde{a}|h, \epsilon) = 0 = \ln \epsilon + \ln(1 + \tilde{a}^2) + (h \cdot \tilde{a})^2/2 \quad , \tag{C.29}$$

die durch das Newton-Raphson Verfahren berechnet werden kann. Erst nach Ersetzung der Integrationsgrenze von a nach $\tilde{a}$ in (C.24) wird die Umformung von (C.24) nach Gleichung (C.26) durchgeführt.

C.3 Numerische Differentiation

Sei $f(\delta)$ eine stetig differenzierbare Abbildung von $\mathcal{R}^k$ nach $\mathcal{R}$. Seien $h_i \in \mathcal{R}^+$ beliebig kleine Zahlen. Die einfachste Methode (Quandt 1983) zur Berechnung der partiellen Ableitungen

$$(\partial f(\delta)/\partial \delta)\big|_{\hat{\delta}} = (\partial f(\delta)/\partial \delta_1, \ldots \partial f(\delta)/\partial \delta_k)\big|_{\hat{\delta}} \tag{C.30}$$

an der Stelle $\hat{\delta}$ basiert auf der Approximation

$$(\partial f(\delta)/\partial \delta_i)\big|_{\hat{\delta}} \approx \tag{C.31}$$

$$\left[f(\hat{\delta}_1, \ldots, \hat{\delta}_{i-1}, \hat{\delta}_i + h_i, \hat{\delta}_{i+1}, \ldots, \hat{\delta}_k) - f(\hat{\delta}_1, \ldots, \hat{\delta}_{i-1}, \hat{\delta}_i - h_i, \hat{\delta}_{i+1}, \ldots, \hat{\delta}_k)\right]/2h_i \; .$$

Hinweise zur Bestimmung von $(h_1, \ldots, h_k)$ findet man in Quandt (1983). Weitere Approximationsverfahren mit größerer Genauigkeit auf der Basis von Lagrange-Interpolationsformeln findet man in Zuber (1975).

Anhang D

Matrizendifferentiationsregeln

Zur numerischen Bestimmmung des nichtlinearen gewichteten kleinsten Quadrateschätzers werden einige Matrizendifferentiationsregeln benötigt, die in diesem Anhang kurz zusammengefaßt sind. Dieser Matrizendifferentiationsansatz geht auf McDonald und Swaminathan (1973) zurück. Nähere Ausführungen findet der Leser in McDonald (1976), Swaminathan (1976), Bentler und S.Y. Lee (1975, 1978b), Rogers (1980) und Nel (1980).

Definition D.1 *(McDonald & Swaminathan 1973, Abschnitt 2). Sei Y eine $p \times q$ Matrix, deren Elemente Funktionen der Elemente einer $m \times n$ Matrix X sind. Dann ist die McDonald-Swaminathan (MS) Ableitung durch*

$$\frac{\Delta Y}{\Delta X} = \left[\frac{\partial [verY]^T}{\partial [verX]}\right] \sim m \cdot n \times p \cdot q \tag{D.1}$$

definiert. Dabei ist $[verY] = (Y_1., Y_2., \ldots, Y_p.)^T \sim p \cdot q \times 1$ der aus den Zeilen von Y sukzessiv zusammengesetzte Spaltenvektor.

Definition D.2 *Eine $m \times n$ Matrix X heißt mathematisch unabhängig und variabel, wenn*

1. *keine funktionalen Abhängigkeiten zwischen den Elementen von X bestehen und*

2. *keine konstanten Elemente in der Matrix X auftreten.*

Bemerkung D.3 *In der Literatur sind einige Mißverständnisse bei der korrekten Anwendung der Matrizendifferentiationsregel von McDonald und Swaminathan (1973) entstanden. Vergleiche die Diskussion zwischen Bentler & S.Y. Lee (1975, 1978b) einerseits und McDonald (1976) andererseits. Daher wird bei einer MS-Ableitung der Form $\Delta Y/\Delta X$ grundsätzlich davon ausgegangen, das X mathematisch unabhängig und variabel ist. Diese Annahme ist zur korrekten Anwendung der Kettenregel erforderlich (vgl. Rogers 1980, S. 64). Ausnahmen werden ansonsten explizit angegeben.*

Lemma D.4 *(Kettenregel, McDonald & Swaminathan 1973, Theorem 3.1). Sei Z eine $r \times s$ Matrix, deren Elemente Funktionen der Elemente einer $p \times q$ Matrix Y sind. Weiterhin seien die Elemente von Y Funktionen der Elemente einer $m \times n$ Matrix X. Dann gilt:*

$$\frac{\Delta Z}{\Delta X} = \frac{\Delta Y}{\Delta X} \cdot \frac{\Delta Z}{\Delta Y} \sim (mn \times pq) \cdot (pq \times rs) \sim (mn \times rs) \qquad (D.2)$$

Lemma D.5 *(Produktregel, McDonald & Swaminathan 1973, Theorem 3.3). Seien $U \sim p \times r$ und $V \sim r \times q$ zwei Matrizen, deren Elemente Funktionen der Elemente einer $m \times n$ Matrix X darstellen. Dann gilt:*

$$\frac{\Delta [U \cdot V]}{\Delta X} = \left[\frac{\Delta U}{\Delta X}\right] \cdot (I_p \otimes V) + \left[\frac{\Delta V}{\Delta X}\right] \cdot \left(U^T \otimes I_q\right) \sim mn \times pq \qquad (D.3)$$

Definition D.6 *Sei X eine $m \times n$ Matrix. Die Ableitungen der folgenden nichtreduzierbaren Matrizen werden durch folgende Symbole festgelegt:*

$$E_{m,n} = \frac{\Delta X^T}{\Delta X} \sim mn \times mn \qquad (D.4)$$

$$I_{mn} = \frac{\Delta X}{\Delta X} \sim mn \times mn \qquad (D.5)$$

Lemma D.7 *(Identitäten für Kroneckerprodukte, McDonald & Swaminathan 1973, Theorem 5.5). Seien A, B und X drei Matrizen mit den Ordnungen $p \times m$, $q \times n$ und $m \times n$. Dann gilt:*

$$ver(AXB^T) = (A \otimes B) \cdot verX \sim pq \times 1 \qquad (D.6)$$

Lemma D.8 *(Hilfsregel zur Umformung von Matrizenprodukten, Bentler & S.Y. Lee 1975, S. 148, McDonald 1976, S. 90). Seien A und B zwei Matrizen mit den Ordnungen $p \times q$ und $r \times s$. Dann gilt:*

$$E_{r,p} \cdot (A \otimes B) = (B \otimes A) \cdot E_{s,q} \sim rp \times qs \qquad (D.7)$$

Korollar D.9 *(Folgerung aus Lemma D.5, siehe auch McDonald (1976), Example 3.1). Seien $A \sim p \times q$, $Y \sim q \times r$, $B \sim r \times s$ und $X \sim u \times v$ Matrizen, die mathematisch unabhängig und variabel sind. Weiterhin seien die Elemente der Matrix Y Funktionen der Elemente von X, während A und B unabhängig von X und Y sind. Dann gilt:*

$$\frac{\Delta(AYB)}{\Delta X} = \frac{\Delta Y}{\Delta X} \cdot (A^T \otimes B) \qquad (D.8)$$

Korollar D.10 *(Folgerung aus D.5).* Seien $Y_1 \sim p \times q$ und $Y_2 \sim r \times s$ zwei Matrizen, deren Elemente Funktionen der Elemente der Matrix $X \sim u \times v$ sind. Sei $B \sim q \times r$ eine Matrix, deren Elemente unabhängig von Y_1, Y_2 und X sind. Dann gilt:

$$\frac{\Delta(Y_1 B Y_2)}{\Delta X} = \frac{\Delta Y_1}{\Delta X} \cdot [I_p \otimes BY_2] + \frac{\Delta Y_2}{\Delta X} \cdot \left[B^T Y_1^T \otimes I_s\right] \sim uv \times ps \qquad (D.9)$$

Korollar D.11 *(Folgerung aus D.8, D.9 und D.10).* Sei Y eine $q \times r$ Matrix. Seien $A \sim p \times q, B \sim r \times s$ und $\Omega \sim s \times s$ drei Matrizen, deren Elemente unabhängig von Y sind. Dann gilt:

$$\frac{\Delta\left(A Y B \Omega B^T Y^T A^T\right)}{\Delta Y} = \left[A^T \otimes B\Omega^T B^T Y^T A^T\right] \cdot (I_{pp} + E_{p,p}) \sim qr \times p^2 \qquad (D.10)$$

Korollar D.12 *(Folgerung aus D.5).* Sei X eine reguläre $m \times m$ Matrix. Dann gilt:

$$\frac{\Delta(X^{-1})}{\Delta X} = -\left(X^{-1^T} \otimes X^{-1}\right) \sim m^2 \times m^2 \qquad (D.11)$$

Literaturverzeichnis

Adams, J.D. (1980). Personal wealth transfers. *The Quarterly Journal of Economics*, 159–179.

Aitchison, J. und Silvey, S.D. (1957). The generalization of probit analysis to the case of multiple responses. *Biometrika 44*, 131–140.

Aitchison, J. und Silvey, S.D. (1958). Maximum-likelihood estimation of parameters subject to restraints. *Annals of Mathematical Statistics 29*, 813–828.

Aitchison, J. und Silvey, S.D. (1960). Maximum-likelihood estimation procedures and associated tests of significance. *Journal of the Royal Statistical Society B 22*, 154–171.

Albert A. und Anderson, J.A. (1984). On the existence of maximum likelihood estimates in logistic regression models. *Biometrika 71*, 1–10.

Amemiya, T. (1973). Regression analysis when the dependent variable is truncated normal. *Econometrica 41*, 997–1016.

Amemiya, T. (1974). Multivariate regression and simultaneous equation models when the dependent variables are truncated normal. *Econometrica 42*, 999–1012.

Amemiya, T. (1978a). On a two-step estimation of a multivariate logit model. *Journal of Econometrics 8*, 13–21.

Amemiya, T. (1978b). The estimation of a simultaneous equation generalized probit model. *Econometrica 46*, 1193–1205.

Amemiya, T. (1979). The estimation of a simultaneous equation tobit model. *International Economic Review 20*, 169–181.

Amemiya, T. (1984). Tobit models: A survey. *Journal of Econometrics 24*, 3–61.

Amemiya, T. (1986). *Advanced Econometrics.* Oxford.

Andersen, E.B. (1982). Latent structure analysis: A review. *Scandinavian Journal of Statistics 9*, 1–12.

Anderson, J.A. (1984). Regression and ordered categorical variables (with discussion). *Journal of the Royal Statistical Society B 46*, 1–30.

Anderson, J.A. und Philips, P.R. (1981). Regression, discrimination and measurement models of ordered categorical variables. *Applied Statistics 30*, 22–31.

Anderson, T.W. (1958). *An Introduction to Multivariate Statistical Analysis.* New York.

Anderson, T.W. (1984). Estimating linear statistical relationships (The 1982 Wald Memorial Lectures). *The Annals of Statistics 12*, 1–45.

Anderson, T.W. und Rubin, H. (1956). Statistical inference in factor analysis. In: Neyman, J. (Hrsg.): *Proceedings of the Third Berkeley Symposium on Mathematical Statistics and Probability.* Berkeley, 111–150.

Apostol, T.M. (1974). *Mathematical Analysis.* Reading, Massachusetts.

Arminger, G. (1979). *Faktorenanalyse.* Stuttgart.

Arminger, G. (1980). *Maß, Integrations- und Wahrscheinlichkeitstheorie.* Vorlesungsskript WS 1980/1981, Fachbereich Wirtschaftswissenschaft, Bergische Universität – Gesamthochschule Wuppertal.

Arminger, G. (1982). Klassische Anwendungen verallgemeinerter linearer Modelle in der empirischen Sozialforschung. In: ZUMA-Arbeitsbericht Nr. 1982/03, *Verallgemeinerte lineare Modelle in der empirischen Sozialforschung.* NONMET/GLIM Workshop, Mannheim.

Arminger, G. (1983). Analysis of qualitative individual data and of latent class models with generalized linear models. Paper presented at the NATO advanced research workshop on analysis of qualitative spatial data. Free University, Amsterdam.

Arminger, G. (1984). Neuere Entwicklungen der explorativen Faktorenanalyse. *Allgemeines Statistisches Archiv 68*, 118–139.

Arminger, G. (1986). Persönliche Mitteilung.

Arminger, G. und Küsters, U. (1985). Simultaneous equation systems with categorical observed variables. In: Gilchrist, R., Francis, B. und Whittaker, J. (Hrsg.). *Generalized linear models.* Lecture Notes in Statistics 32, Berlin, 15–26.

Arminger, G. und Küsters, U. (1986). Latent trait models with indicators of mixed measurement level. In: Langeheine, R. (Hrsg.). *Latent Trait and Latent Class Models.* Erscheint bei Plenum.

Ashford, J.R. und Sowden, R.R. (1970). Multi-variate probit analysis. *Biometrics 26*, 535–546.

Avery, R.B. (1981). Estimating credit constraints by switching regression. In: Manski, C.F. und McFadden, D. (Hrsg.). *Structural Analysis of Discrete Data with Econometric Applications.* Cambridge, Massachusetts, 435–472.

Avery, R.B. und Hotz, V.J. (1982). Estimation of multiple indicator multiple cause models with discrete indicators. Discussion paper series # 82-7, Economic Research Center NORC, S. Ellis, Chicago, Illinois.

Bard, Y. (1974). *Nonlinear Parameter Estimation.* New York.

Bartholomew, D.J. (1980). Factor analysis for categorical data. *Journal of the Royal Statistical Society B 42*, 293–321.

Bartholomew, D.J. (1981). Posterior analysis of the factor model. *British Journal of Mathematical and Statistical Psychology 34*, 93–99.

Bartholomew, D.J. (1983). Latent variable models for ordered categorical data. *Journal of Econometrics 22*, 229–243.

Bartholomew, D.J. (1984). The foundations of factor analysis. *Biometrika 71*, 221–232.

Bentler, P.M. (1976). Multistructure statistical model applied to factor analysis. *Multivariate Behavioral Research*, 3–25.

Bentler, P.M. (1980). Multivariate analysis with latent variables: Causal modelling. *Annual Review of Pyschology 31*, 419–456.

Bentler, P.M. (1983). Simultaneous equation systems as moment structure models. *Journal of Econometrics 22*, 13–42.

Bentler, P.M. (1983). Some contributions to efficient statistics in structural models: Specification and estimation of moment structures. *Psychometrika 48*, 493–517.

Bentler, P.M. (1986). Structural modeling and Psychometrika: A historical perspective on growth achievements. *Psychometrika 51*, 35–51.

Bentler, P.M. und Lee, S.Y. (1975). Some extensions of matrix calculus. *General Systems XX*, 145–150.

Bentler, P.M. und Lee, S.Y. (1978a). Statistical aspects of a three-mode factor analysis model. *Psychometrika 43*, 343–352.

Bentler, P.M. und Lee, S.Y. (1978b). Matrix derivatives with chain rule and rules for Simple, Hadamard, and Kronecker products. *Journal of Mathematical Psychology 17*, 255–262.

Bentler, P.M. und Lee, S.Y. (1979). A statistical development of three-mode factor analysis. *British Journal of Mathematical and Statistical Psychology 32*, 87–104.

Bentler, P.M. und Lee, S.Y. (1983). Covariance structures under polynomial constraints: Application to correlation and alpha-type structural models. *Journal of Educational Statistics 8*, 207–222.

Bentler, P.M. und Weeks, D.G. (1979). Interrelations among models for the analysis of moment structures. *Multivariate Behavioral Research 14*, 169–186.

Bentler, P.M. und Weeks, D.G. (1980). Linear structural equations with latent variables. *Psychometrika 45*, 289–308.

Bentler, P.M. und Weeks, D.G. (1985). Some comments on structural equation models. *British Journal of Mathematical and Statistical Psychology 38*, 120–121.

Berndt, E.R., Hall, B.H., Hall, R.E. und Hausman, J.A. (1974). Estimation and inference in nonlinear structural models. *Annals of Economic and Social Measurement 3*, 653–666.

Bertsekas, D.P. (1976). Multiplier methods: A survey. *Automatica 12*, 133–145.

Bishop, Y.M.M., Fienberg, S.E. und Holland, P.W. (1975). *Discrete Multivariate Analysis: Theory and Practice*. Cambridge, Massachusetts.

Bloxom, B. (1968). A note on invariance in three-mode factor analysis. *Psychometrika 33*, 347–350.

Bock, R.D. (1972). Estimating item parameters and latent ability when responses are scored in two or more nominal categories. *Psychometrika 37*, 29–51.

Bock, R.D. (1975). *Multivariate statistical methods in behavioral research*. New York.

Bock, R.D. und Bargmann, R.E. (1966). Analysis of covariance structures. *Psychometrika 31*, 507–534.

Bock, R.D. und Lieberman, M. (1970). Fitting a response model for n dichotomously scored items. *Psychometrika 35*, 179–197.

Bollen, K.A. und Jöreskog, K.G. (1985). Uniqueness does not imply identification — A note on confirmatory factor analysis. *Sociological Methods and Research 14*, 155–163.

Bowden, R.J. (1973). The theory of parametric identification. *Econometrica 41*, 1069–1074.

Bowden, R.J. und Turkington, D.A. (1984). *Instrumental Variables*. Cambridge.

Braskamp, H.J. und Lieb, E.H. (1975). Some inequalities for gaussian measures and the longe-range order of the one-dimensional plasma. In: Arthurs, A.M. (Hrsg.). *Functional integration and its applications*. Oxford, 1–14.

Breusch, T.S. und Pagan, A.R. (1980). The Lagrange multiplier test and its application to model specification in econometrics. *Review of Economic Studies 47*, 239–253.

Browne, M.W. (1977). Generalized least-squares estimators in the analysis of covariance structures. In: Aigner, D.J. und Goldberger, A.S. (Hrsg.). *Latent Variables in Socioeconomic Models*. Amsterdam, 205–226.

Browne, M.W. (1982). Covariance structures. In: Hawkins. D.M. (Hrsg.). *Topics in Applied Multivariate Analysis*. Cambridge, 72–141.

Browne, M.W. (1984). Asymptotically distribution-free methods for the analysis of covariance structures. *British Journal of Mathematical and Statistical Psychology 37*, 62–83.

Burridge, J. (1981). A note on maximum likelihood estimation for regression models using grouped data. *Journal of the Royal Statistical Society B 43*, 41–45.

Cattell, R.B. (1944). Parallel proportional profiles and other principles for determining the choice of factors by rotation. *Psychometrika 9*, 267–283.

Christoffersson, A. (1975). Factor analysis of dichotomized variables. *Psychometrika 40*, 5–32.

Cooper, B.E. (1968). Algorithm AS 2 — The normal integral. *Applied Statistics 17*, 186–194.

Corballis, N.C. (1973). A factor model for analysing change. *British Journal of Mathematical and Statistical Psychology 26*, 90–97.

Corballis, M.C. und Traub, R.E. (1970). Longitudinal factor analysis. *Psychometrika 35*, 79–98.

Cox, D.R. (1970). *Analysis of Binary Data*. London.

Cox, D.R. und Hinkley, D.V. (1974). *Theoretical Statistics*. London.

Cramer, H. (1946). *Mathematical Methods of Statistics*. Princeton.

Daganzo, C. (1979). *Multinomial Probit — The Theory and Its Application to Demand Forecasting*. New York.

Daley, D.J. (1974). Computation of bi- and tri-variate normal integrals. *Applied Statistics 23*, 435–438.

Dempster, A.P., Laird, N.M. und Rubin, D.B. (1977). Maximum likelihood from incomplete data via the EM algorithm (with discussion). *Journal of the Royal Statistical Society B 39*, 1–38.

Divgi, D.R. (1979). Calculation of univariate and bivariate normal probability functions. *Annals of Statistics 7*, 903–910.

Domencich, T.A. und McFadden, D. (1975). *Urban Travel Demand — A Behavioral Analysis*. Amsterdam.

Dubin, J.A. und McFadden, D. (1984). An econometric analysis of residential electric appliance holdings and consumption. *Econometrica 52*, 345–362.

Duncan, O.D. (1966). Path analysis: Sociological examples. *American Journal of Sociology 72*, 1–16.

Dunn, J.E. (1973). A note on a sufficient condition for uniqueness of a restricted factor matrix. *Psychometrika 38*, 141–143.

Dupačová, J. und Wold, H. (1982). On some identification problems in ML modeling of systems with indirect observation. In: Jöreskog, K.G. und Wold, H. (Hrsg.). *Systems under Indirect Observation — Causality * Structure * Prediction — Part II*. Amsterdam, 293–315.

Efron, B. und Hinkley, D.V. (1978). Assesing the accuracy of the maximum likelihood estimator: Observed versus expected Fisher information. *Biometrika 65*, 475–487.

Engle, R.F. (1984). Wald, likelihood ratio, and Lagrange multiplier tests in econometrics. In: Griliches, Z. und Intriligator, M.D. (Hrsg.). *Handbook of Econometrics — Volume II*. Amsterdam, 775–826.

Everitt, B.S. (1984). *An Introduction to Latent Variable Models*. London.

Everitt, B.S. und Hand, D.J. (1981). *Finite Mixture Distributions*. London.

Ferguson, T.S. (1958). A method of generating best asymptotically normal estimates with application to the estimation of bacterial densities. *Annals of Mathematical Statistics*, 1046–1062.

Fienberg, S.E. (1975). Comment. *Journal of the American Statistical Association 70*, 521–523.

Fienberg, S.E. (1977). *The Analysis of Cross Classified Categorical Data*. Cambridge, Massachusetts.

Fischer, G. (1973). *Einführung in die Theorie psychologischer Tests — Grundlagen und Anwendungen*. Bern.

Formann, A.K. (1984). *Die Latent-Class-Analyse — Einführung in Theorie und Anwendung*. Weinheim.

Fraser, C. (ohne Jahresangabe). *COSAN — User's Guide*. Department of Measurement, Evaluation and Computer Applications, The Ontario Institute for Studies in Education, 252 Bloor Street West, Toronto, Ontarion, Canada, M5S 1V6.

Gabrielsen, A. (1978). Consistency and identifiability. *Journal of Econometrics 8*, 261–263.

Gourieroux, C., Laffont, J.J. und Monfort, A. (1980). Coherency conditions in simultaneous linear equation models with endogenous switching regimes. *Econometrica 48*, 675–695.

Greene, W.H. (1981). On the asymptotic bias of the ordinary least squares estimator in the tobit model. *Econometrica 49*, 505–513.

Griliches, Z. (1977). Errors in variables and other unobservables. In: Aigner, D.J. und Goldberger, A.S. (Hrsg.). *Latent Variables in Socio-economic Models*. Amsterdam, 1–33.

Gumbel, E.J. (1960). Bivariate exponential distributions. *American Statistical Association Journal*, 698–707.

Gumbel, E.J. (1961). Bivariate logistic distributions. *American Statistical Association Journal*, 335–349.

Guttman, L. (1954). A new approach to factor analysis: The radex. In: Lazarsfeld, P.F. (Hrsg.). *Mathematical thinking in the social sciences.* Glencoe, Illinois, 258–348.

Guttman, L. (1957). Empirical verification of the radex structure of mental abilities and personality traits. *Educational and Psychological Measurement,* 391–407.

Harman, H.H. (1976). *Modern Factor Analysis.* Chicago.

Harvey, A.C. (1981). *The Econometric Analysis of Time Series.* Oxford.

Hausman, J.A. und Wise, D.A. (1978). A conditional probit model for qualitative choice: Discrete decisions recognizing interdependence and heterogeneous preferences. *Econometrica 46,* 403–426.

Healy, M.J.R. (1982). Maximum likelihood estimation from censored normal data. *GLIM Newsletter,* 55–58.

Heckman, J.J. (1976). Simultaneous equation models with continous and discrete endogenous variables and structural shifts. In: Goldfeld, S.M. und Quandt, R.E. (Hrsg.). *Studies in Nonlinear Estimation.* Cambridge, Mass., 235–272.

Heckman, J.J. (1978). Dummy endogenous variables in a simultaneous equation system. *Econometrica 46,* 931–959.

Hestenes, M. (1980). *Conjugate Direction Methods in Optimization.* New York.

Hujer, R. und Cremer, R. (1978). *Methoden der empirischen Wirtschaftsforschung.* München.

Jennrich, R.I. (1969). Asymptotic properties of non-linear least squares estimators. *Annals of Mathematical Statistics 40,* 633–643.

Jennrich, R.I. und Sampson, P.F. (1968). Application of stepwise regression to nonlinear estimation. *Technometrics 10,* 63–72.

Jöreskog, K.G. (1969). A general approach to confirmatory maximum likelihood factor analysis. *Psychometrika 34,* 183–202.

Jöreskog, K.G. (1970). A general method for analysis of covariance structures. *Biometrika 57,* 239–251.

Jöreskog, K.G. (1971). Simultaneous factor analysis in several populations. *Psychometrika 36,* 409–426.

Jöreskog, K.G. (1973a). A general method for estimating a linear structural equation system. In: Goldberger, A.S. und Duncan, O.D. (Hrsg.). *Structural equation models in the social sciences.* New York, 85–112.

Jöreskog, K.G. (1973b). Analysis of covariance structures. In: Krishnaiah, P.R. (Hrsg.). *Multivariate Analysis III.* New York, 263–285.

Jöreskog, K.G. (1977). Structural equation models in the social sciences: Specification, estimation and testing. In: Krishnaiah, P.R. (Hrsg.). *Application of Statistics*. Amsterdam, 265–287.

Jöreskog, K.G. (1978a). An econometric model for multivariate panel data. *Annales de l'Insee 30-31*, 355–366.

Jöreskog, K.G. (1978b). Structural analysis of covariance and correlation matrices. *Psychometrika 43*, 443–477.

Jöreskog, K.G. (1981). Analysis of covariance structures. *Scandinavian Journal of Statistics 8*, 65–92.

Jöreskog, K.G. und Goldberger, A.S. (1972). Factor analysis by generalized least squares. *Psychometrika 37*, 243–260.

Jöreskog, K.G. und Goldberger, A.S. (1975). Estimation of a model with multiple indicators and multiple causes of a single latent variable. *Journal of the American Statistical Association 70*, 631–639.

Jöreskog, K.G. und Sörbom, D. (1984). *LISREL VI — Analysis of Linear Structural Relationships by Maximum Likelihood, Instrumental Variables and Least Squares Methods*. Mooresville, Indiana.

Jöreskog, K.G. und Sörbom, D. (1986). *PRELIS — A Program for Multivariate Data Screening and Data Summarization: A Preprocessor for LISREL*. University of Uppsala, Schweden.

Jöreskog, K.G. und Wold, H. (1982, Hrsg.). *Systems under Indirect Observation — Causality ⋆ Structure ⋆ Prediction — Part I and II*. Amsterdam.

Judge, G.G., Griffiths, W.E., Hill, C.R. und Lee, T.C. (1980). *The Theory and Practice of Econometrics* (mit einem Beitrag von H. Lütkepohl). New York.

Kale, B.K. (1961). On the solution of the likelihood equation by iteration processes. *Biometrika 48*, 452–456.

Kale, B.K. (1962). On the solution of the likelihood equation by iteration processes – The multiparametric case. *Biometrika 49*, 479–486.

Kendall. M. und Stuart, A. (1979). *The Advanced Theory of Statistics — Volume 2 - Inference and relationship*. London.

Kmenta, J. (1971). *Elements of Econometrics*. New York.

Koopmans, T.C. und Reiersøl, O. (1950). The identification of structural characteristics. *Annals of Mathematical Statistics 21*, 165–181.

Kristof, W. (1971). On the theory of a set of tests which differ only in length. *Psychometrika 36*, 207–225.

Küsters, U. und Arminger, G. (1986). Hierarchische Mittelwert- und Kovarianzstrukturmodelle mit nichtmetrischen endogenen Variablen. In: Streitferdt, L., Hauptmann, H., Marusev, A.W., Ohse, D. und Pape, U. (Hrsg.). *Operations Research Proceedings 1985*. Berlin, 347–357.

Lawley, D.N. und Maxwell, A.E. (1971). *Factor Analysis as a Statistical Method*. London.

Lee, L.F. (1979). Identification and estimation in binary choice models with limited (censored) dependent variables. *Econometrica 47*, 977–996.

Lee, L.F. (1981). Simultaneous equation models with discrete and censored dependent variables. In: Manski, C.F. und McFadden, D. (Hrsg.). *Structural Analysis of Discrete Data with Econometric Applications*. Cambridge, Massachusetts, 346–364.

Lee, L.F. (1982). Health and wage: A simultaneous equation model with multiple discrete indicators. *International Economic Review 23*, 199–221.

Lee, L.F. (1983). Generalized econometric models with selectivity. *Econometrica 51*, 507–512.

Lee, S.Y. (1979). Constrained estimation in covariance structure analysis. *Biometrika 66*, 539–545.

Lee, S.Y. (1980). Estimation of covariance structure models with parameters subject to functional restraints. *Psychometrika 45*, 309–324.

Lee, S.Y. (1981). The multiplier method in constrained estimation of covariance structure models. *Journal of Statistical Computation and Simulation 12*, 247–257.

Lee, S.Y. und Bentler, P.M. (1980). Some asymptotic properties of constrained generalized least squares estimation in covariance structure models. *South African Statistical Journal 14*, 121–136.

Lee, S.Y. und Jennrich, R.I. (1979). A study of algorithms for covariance structure analysis with specific comparisons using factor analysis. *Psychometrika 44*, 99–113.

Lee, S.Y. und Jennrich, R.I. (1984). The analysis of structural equation models by means of derivative free nonlinear least squares. *Psychometrika 49*, 521–528.

Lerman S.R. und Manski, C.F. (1981). On the use of simulated frequencies to approximate choice probabilities. In: Manski, C.F. und McFadden, D. (Hrsg.). *Structural Analysis of Discrete Data with Econometric Applications*. Cambridge, Massachusetts, 305–319.

Long, J.S. (1984a). *Confirmatory Factor Analysis*. Beverly Hills.

Long, J.S. (1984b). *Covariance Structure Models — An Introduction to LISREL*. Beverly Hills.

Lord, F.M. und Novick, M.R. (1968). *Statistical Theories of Mental Test Scores.* Reading, Massachusetts.

Luenberger, D.G. (1984). *Linear and Nonlinear Programming.* Reading, Massachusetts.

Maddala, G.S. (1983). *Limited-dependent and qualitative variables in econometrics.* Cambridge.

Maddala, G.S. und Lee, L.F. (1976). Recursive models with qualitative endogenous variables. *Annals of Economic and Social Measurement 5/4*, 525–545.

Maddala, G.S. und Trost, R.P. (1980). Some extensions of the Nerlove–Press model. *Proceedings of the American Statistical Association / Business and Economic Statistics Section*, 481–485.

Manski, C.F. und Lerman, S.R. (1977). The estimation of choice probabilities from choice based samples. *Econometrica 45*, 1977–1988.

Manski, C.F. und McFadden, D. (1981a). Alternative estimators and sample designs for discrete choice analysis. In: Manski, C.F. und McFadden, D. (Hrsg.). *Structural Analysis of Discrete Data with Econometric Applications.* Cambridge, Massachusetts, 2–50.

Manski, C.F. und McFadden, D. (1981b, Hrsg.). *Structural Analysis of Discrete Data with Econometric Applications.* Cambridge, Massachusetts.

Mardia, K.V., Kent, J.T. und Bibby, J.M. (1979). *Multivariate Analysis.* London.

McCullagh, P. (1980). Regression models for ordinal data (with discussion). *Journal of the Royal Statistical Society B 20*, 109–142.

McCullagh, P. und Nelder, J.A. (1983). *Generalized Linear Models.* London.

McDonald, R.P. (1976). The McDonald-Swaminathan matrix calculus: clarifications, extensions and illustrations. *General Systems 21*, 87–94.

McDonald, R.P. (1978). A simple comprehensive model for the analysis of covariance structures. *British Journal of Mathematical and Statistical Psychology 31*, 59–72.

McDonald, R.P. (1980). A simple comprehensive model for the analysis of covariance structures: Some remarks on applications. *British Journal of Mathematical and Statistical Psychology 33*, 161–183.

McDonald, R.P. und Krane, W.R. (1977). A note on local identifiability and degrees of freedom in the asymptotic likelihood ratio test. *British Journal of Mathematical and Statistical Psychology 30*, 198–203.

McDonald, R.P. und Swaminathan, H. (1973). A simple matrix calculus with applications to multivariate analysis. *General Systems 18*, 37–54.

McFadden, D. (1974). Conditional logit analysis of qualitative choice behavior. In: Zarembka, P. (Hrsg.). *Frontiers in Econometrics*. New York, 105–142.

McFadden, D. (1978). Modelling the choice of residential location. In: Karlgvist, A. (Hrsg.). *Spatial Interaction Theory and Residential Location*. Amsterdam, 75–96.

McFadden, D. (1981). Econometric models of probabilistic choice. In: Manski, C.F. und McFadden, D. (Hrsg.). *Structural Analysis of Discrete Data with Econometric Applications*. Cambridge, Massachusetts, 198–272.

McKelvey, R.D. und Zavoina, W. (1975). A statistical model for the analysis of ordinal level dependent variables. *Journal of Mathematical Sociology 4*, 103–120.

Menges, G. (1961). *Ökonometrie*. Wiesbaden.

Meredith, W. (1964). Notes on factorial invariance. *Psychometrika 29*, 177–185.

Mooijaart, A. (1983). Two kinds of factor analysis for ordered categorical variables. *Multivariate Behavioral Research 18*, 423–441.

Muthén, B. (1978). Contributions to factor analysis of dichotomous variables. *Psychometrika 43*, 551–560.

Muthén, B. (1979). A structural probit model with latent variables. *Journal of the American Statistical Association 74*, 807–811.

Muthén, B. (1983). Latent variable structural equation modelling with categorical data. *Journal of Econometrics 22*, 43–65.

Muthén, B. (1984). A general structural equation model with dichotomous, ordered categorical, and continous latent variable indicators. *Psychometrika 49*, 115–132.

Muthén, B. und Christoffersson, A. (1981). Simultaneous factor analysis of dichotomous variables in several groups. *Psychometrika 46*, 407–419.

Muthén, B. und Speckart, G. (1985). Latent variable probit ANCOVA: Treatment effects in the California Civil Addict Programme. *British Journal of Mathematical and Statistical Psychology 38*, 161–170.

Nel, D.G. (1980). On matrix differentiation in statistics. *South African Statistical Journal 14*, 137–193.

Nelson, F.D. (1976). On a general computer algorithm for the analysis of models with limited dependent variables. *Annals of Economic and Social Measurement 5*, 493–509.

Nelson, F. und Olsen, L. (1978). Specification and estimation of a simultaneous equation model with limited dependent variables. *International Economic Review 19*, 695–709.

Olsen, R.J. (1978). Note on the uniqueness of the maximum likelihood estimator for the tobit model. *Econometrica 46*, 1211–1215.

Olsson, U. (1979a). On the robustness of factor analysis against crude classification of the observations. *Multivariate Behavioral Research 14*, 485–500.

Olsson, U. (1979b). Maximum likelihood estimation of the polychoric correlation coefficient. *Psychometrika 44*, 443–460.

Olsson, U. und Bergman, L.R. (1977). A longitudinal factor model for studying change in ability structure. *The Journal of Multivariate Behavioral Research 12*, 221–241.

Olsson, U., Drasgow, F. und Dorans, N.J. (1982). The polyserial correlation coefficient. *Psychometrika 47*, 337–347.

Ost, F. (1984). Faktorenanalyse. In: Fahrmeir, L. und Hamerle, A. (Hrsg.). *Multivariate statistische Verfahren*. Berlin, 575–662.

Owen, D.B. (1956). Tables for computing bivariate normal probabilities. *Annals of Mathematical Statistics 27*, 1075–1090.

Pearson, K. (1900). Mathematical contributions to the theory of evolution in the inheritance of characters not capable of exact quantitative measurement, VIII. *Philosophical Transactions of the Royal Society A 195*, 79–150.

Plackett, R.L. (1954). A reduction formula for normal multivariate integrals. *Biometrika 41*, 351–360.

Potthoff, R.F. und Roy, S.N. (1964). A generalized multivariate analysis of variance model useful especially for growth curve problems. *Biometrika 51*, 313–326.

Powell, J.L. (1984). Least absolute deviations estimation for the censored regression model. *Journal of Econometrics 25*, 303–325.

Pratt, J.W. (1981). Concavity of the loglikelihood. *Journal of the American Statistical Association 76*, S.103–106.

Quandt, R.E. (1983). Computational problems and methods. In: Griliches, Z. und Intriligator, M.D. (Hrsg.). *Handbook of Econometrics I*. Amsterdam.

Ralston, M.L. und Jennrich, R.I. (1978). Dud, a derivative-free algorithm for nonlinear least squares. *Technometrics 20*, 7–14.

Rao, D.R. (1973). *Linear Statistical Inference and its Applications*. New York.

Reiersøl, O. (1950). On the identifiability of parameters in Thurstone's multiple factor analysis. *Psychometrika 15*, 121–149.

Rogers, G.S. (1980). *Matrix Derivatives*. Lecture Notes in Statistics 2. New York.

Rosett, R.N. und Nelson, F.D. (1975). Estimation of the two-limit probit regression model. *Econometrica 43*, 141–146.

Rothenberg, T.J. (1971). Identification in parametric models. *Econometrica 39*, 577–591.

Saris, W. und Stronkhorst, H. (1984). *Causal Modelling in Nonexperimental Research.* Sociometric Research Foundation, Amsterdam.

Schepers, A. (1985). Ein numerisches Verfahren zur sequentiellen Schätzung des polytobiserialen Korrelationskoeffizienten in bivariaten linearen Gleichungssystemen. Unveröffentlichte Hausarbeit in Ökonometrie, Bergische Universität Gesamthochschule Wuppertal.

Schmid, J. und Leiman, J.M. (1957). The development of hierarchical factor solutions. *Psychometrika 22*, 53–61.

Schmidt, P. (1976). *Econometrics.* New York.

Schmidt, P. (1981). Constraints on the parameters in simultaneous tobit and probit models. In: Manski, C.F. und McFadden, D. (Hrsg.). *Structural Analysis of Discrete Data with Econometric Applications.* Cambridge, Massachusetts, 422-434.

Schmidt, P. und Strauss, R.P. (1975). Estimation of models with jointly dependent qualitative variables: A simultaneous approach. *Econometrica 43*, 745–755.

Schoenberg, R. und Richtand, C. (1984). Application of the EM method — A study of maximum likelihood estimation of multiple indicator and factor analysis models. *Sociological Methods and Research 13*, 127–150.

Schönfeld, P. (1969, 1971). *Methoden der Ökonometrie I, II.* München.

Schönemann, P.H. (1970). Fitting a simplex symmetrically. *Psychometrika 35*, 1–21.

Serfling, R.J. (1980). *Approximation Theorems of Mathematical Statistics.* New York.

Shapiro, A. (1983). Asymptotic distribution theory in the analysis of covariance structures (A unified approach). *South African Statistical Journal 17*, 33–81.

Silvey, S.D. (1959). The Lagrangian multiplier test. *Annals of Mathematical Statistics 30*, 389–407.

Sixtl, F. (1982). *Meßmethoden der Psychologie.* Weinheim.

Sörbom, D. (1974). A general method for studying differences in factor means and factor structure between groups. *British Journal of Mathematical and Statistical Psychology 27*, S.229–239.

Sörbom, D. (1978). An alternative to the methodology for the analysis of covariance. *Psychometrika 43*, 381–396.

Sörbom, D. (1982). Structural equation models with structured means. In: Jöreskog, K.G. und Wold, H. (Hrsg.). *Systems under Indirect Observations — Causality ⋆ Structure ⋆ Prediction, Part I.* Amsterdam, 183–195.

Sowden, R.R. und Ashford, J.R. (1969). Computation of the bivariate normal integral. *Applied Statistics 18*, 169–180.

Spearman, C. (1904). General intelligence, objectively determined and measured. *American Journal of Psychology 15*, 201–293.

Stewart, M.B. (1983). On the least squares estimation when the dependent variable is grouped. *Review of Economic Studies L*, 737–753.

Stoer, J. (1979). *Einführung in die numerische Mathematik I.* Berlin.

Stroud, A. und Secrest, D. (1966). *Gaussian Quadrature Formulas.* Englewood Cliffs – New York.

Swaminathan, H., (1976). Matrix calculus for functions of partitioned matrices. *General Systems 21*, 95–99.

Theil, H. (1971). *Principles of Econometrics.* New York.

Thurstone, L.L. (1927). A law of comparative judgement. *Psychological Review 34*, 273–286.

Thurstone, L.L. (1947). *Multiple-Factor Analysis: A Development and Expansion of the Vectors of Mind.* Chicago.

Titterington, D.M., Smith, A.F.M. und Makov, U.E. (1985). *Statistical Analysis of Finite Mixture Distributions.* Chichester.

Tobin, J. (1958). Estimation of relationships for limited dependent variables. *Econometrica 26*, 24–36.

Tucker, L.R. (1966). Some mathematical notes on three–mode factor analysis. *Psychometrika 31*, 279–311.

Überla, K. (1977). *Faktorenanalyse.* Berlin.

Wald, A. (1943). Tests of statistical hypotheses concerning several parameters when the number of observations is large. *Transactions of the American Mathematical Society 54*, 426–482.

Weeks, D.G. (1980). A second–order longitudinal model of ability structure. *Multivariate Behavioral Research 15*, S.353–365.

White, H. (1980). Nonlinear regression on cross–section data. *Econometrica 48*, 721–746.

White, H. (1984). *Asymptotic Theory for Econometricians.* Orlando.

Wiley, D.E. (1973). The identification problem for structural equation models with unmeasured variables. In: Goldberger, A.S. und Duncan, O.D. (Hrsg.). *Structural equation models in the social sciences.* New York, 69–83.

Wiley, D.E., Schmidt, W.H. und Bramble, W.J. (1973). Studies of a class of covariance structure models. *Journal of the American Statistical Association 68*, 317–323.

Wold, H. (1982). Soft modeling: The basic design and some extensions. In: Jöreskog, K.G. und Wold, H. (Hrsg.). *Systems under Indirect Observations — Causality ⋆ Structure ⋆ Prediction, Part II.* Amsterdam, 1–54.

Wolynetz, M.S. (1979a). Algorithm AS 138. Maximum likelihood estimation from confined and censored normal data. *Applied Statistics 28*, 184–195.

Wolynetz, M.S. (1979b). Algorithm AS 139. Maximum likelihood estimation in a linear model from confined and censored normal data. *Applied Statistics 28*, 195–206.

Wright, S. (1934). The method of path coefficients. *Annals of Mathematical Statistics 5*, 161–215.

Young, J.C. und Minder, C.E. (1974). Algorithm AS 76. An integral useful in calculating non-central t and bivariate normal probabilities. *Applied Statistics 23*, 455–457.

Yule, G.U. (1900). On the association of attributes in statistics: With illustration from the material of the childhood society. *Philosophical Transactions of the Royal Society Series A 194*, 257–319.

Zacks, S. (1971). *The Theory of Statistical Inference.* New York.

Zelen, M. und Severo, N.C. (1984). Probability functions. In: Abramovitz, M. und Stegun, I.A. (Hrsg.). *Pocketbook of Mathematical Functions.* Thun, 403–441.

Zuber, R. (1975). Numerische Methoden. In: Dreszer, J. (Hrsg.). *Mathematik Handbuch für Technik und Naturwissenschaft.* Zürich, 1155–1218.

MIX
Papier aus verantwortungsvollen Quellen
Paper from responsible sources
FSC® C105338

If you have any concerns about our products,
you can contact us on
ProductSafety@springernature.com

In case Publisher is established outside the EU,
the EU authorized representative is:
**Springer Nature Customer Service Center GmbH
Europaplatz 3, 69115 Heidelberg, Germany**

Printed by Libri Plureos GmbH
in Hamburg, Germany